생활 속 화학

오해와 진실

일상에서 만나는 39가지 올바른 화학이야기

생활 속 화학 오해와 진실

강상욱 지음

자유아카데미

프롤로그 _ 그때는 맞고 지금은 틀리다?

메탄올(methanol)은 7~8 ml만 음용해도 실명에 이를 정도로 독성이 강한 화학물질이다. 뿐만 아니라 중추신경계에도 심각한 영향을 준다고 알려져 있다. 과거 메탄올에 주로 노출됐던 경로는 자동차 워셔액이었다. 유럽 등 다른 나라에서는 예전부터 메탄올 워셔액을 금지하고 있었지만, 우리나라는 2018년 전까지 사용 가능했으며, 2018년 이후에 공식적으로 메탄올 워셔액을 금지하였다. 실제 운전 중에 워셔액을 가동시키면, 내부 공기순환 모드일지라도, 본네트와 유리 사이에 존재하는 미세한 틈으로 메탄올이 증기형태로 실내에 유입된다. 실제 실험결과 높은 농도의 메탄올이 측정되기도 하였다. 이런 이유로 유럽 등에서는 워셔액에 메탄올의 사용을 예전부터 금지한 것이며, 우리나라는 상대적으로 늦었다고 볼 수 있다. 이런 사실을 미리 알고 주행 중에는 워셔액 분사 기능을 작동시키지 않는 등 조심했던 사람들도 있을 것이고, 이런 사실을 전혀 모르고 무방비로 메탄올 워셔액에 노출됐던 사람들도 있을 것이다. 특히 하루 종일 운전대를 붙잡고 있는 택시 운전사 같은 분들이 더 많이 노출됐을 가능성이 높다.

과불화화합물(PFAS)은 어떤가? 2024년 초 식약처에서 조사한 국내 수산물 44종 중 무려 42종에서 과불화옥탄산(PFOA)이 검출되었다. 바닷가재는 평균의 17배, 멍게는 평균의 9배였으며, 같은 수산물이어도 부위별로 수치가 달랐다. 식약처는 '2020년 재평가된 인체노출안전기준'에 따르면 PFOA/PFOS의 체내 총 노출량은 안전한 수준이라고 발표한 바 있다. 그런데 과불화화합물의 종류는 4천종이 넘는데, 이 중 2개(PFOA/PFOS)만 가지고서 안전을 논할 수 있을까? 물론 다른 종류의 과불화화합물에 대한 자료가 충분하지 않기 때문에 어쩔 수 없는 상황인 것도 이해는 가지만, 함부로 안전을 단정짓는 것은 무리가 있다. 뿐만 아니라 이 안전하다는 기준치 역시 시간이 지나면 바뀔 수 있다.

2006년 영국의 UKCOT에서는 과불화화합물의 인체노출안전기준을 PFOA에 대해 1500 ng/kg bw/day로 설정했지만, 2018년 유럽의 EFSA에서는 같은 PFOA에 대해서 0.85 ng/kg bw/day로 설정을 했다. 1700배나 더 엄격한 기준을 들이댄 것이다. 2006년 영국의 전문가들에게 무슨 문제라도 있었을까? 그렇지 않다. 2006년 기준으로는 그게 사실이었기 때문이다. 하지만 시간이 흘러 독성 연구결과가 쌓이다 보니, 2018년 EFSA에서 판단할 때는 더 엄격한 기준을 설정하게 된 것이다. 2006년에는 1500 ng/kg bw/day이 진실인 것이고, 2018년에는 0.85 ng/kg bw/day가 진실인 것이다. 우리나라 정부에서도 현재의 인체노출기준을 들어 안전하다고 말하고 있지만, 추후에 다른 독성결과(특히 복합독성)가 쌓이게 되면, 그때 기준치를 상향해서 더 엄격하게 관리해야 한다고 말할 수도 있다.

지금까지 든 예시는 극히 일부에 불과하다. 지금까지 안전하다고 정부가 판단하고 있는 것은 어디까지나 지금까지의 연구를 기반으로 하고 있는 것이다. 추후에 이런 기준치는 언제든지 바뀔 수 있다. 게다가 지금까지의 독성 연구는 단일독성을 기준으로 하고 있기 때문에, 추후에 복합독성 등이 밝혀지게 되면, 지금의 기준치보다 더 엄격하면 엄격했지, 더 느슨하게 바뀔 가능성은 적다.

이런 상황에서 우리는 어떻게 행동하는 것이 바람직한 것일까? 무조건 공포감에 휩싸인 채로 살아가야 하는 것일까? 독성이 명확히 밝혀지지도 않았는데 모든 화학물질에 대해 막연한 공포감을 가지는 케모포비아가 될 필요는 없다. 다만 독성 결과들이 점점 밝혀져 가고 있는 물질들이 있다. 이들에 대해 완전한 노출을 피할 수는 없지만, 노출을 최소화할 수는 있을 것이다. 담배연기가 몸에 안 좋다는 사실을 명확히 알고 있는 여러분들이 지나가다가 담배피는 사람을 만나면 약간 떨어져서 지나치거나 숨을 다소 참으면서 지나가는 것처럼 말이다.

이 책에서는 이처럼 점점 독성 결과들이 발표되고 있는 물질들이 관리되고 있는 현황이나 최근의 연구로 독성이 밝혀진 물질들에 대해 소개하고자 한다. 또 이미 독성이 잘 알려진 물질들에 대해서도 일상 중에서 어떻게 노출되고 있으며, 피할 수 있는지 알아보고자 한다. 이 책을 통해 과도한 케모포비아에서 벗어나고, 건강한 습관으로 안전한 일상을 영위하게 되기를 바란다.

차례

3장 미세먼지와 미세플라스틱

4장 일상생활

물과 바다

1

생수 1리터에서 미세플라스틱 25만개가 발생되었다고?

생수 속 미세플라스틱 연구

2024년 1월에 저명한 학술지 *PNAS*(Proccedings of the National Academy of Sciences)에서 매우 충격적인 연구 결과가 발표되었다. 이 연구는 「Rapid single-particle chemical imaging of nanoplastics by SRS microscopy」라는 제목 아래, 우리가 일상적으로 마시는 생수 1리터에 놀랍게도 24만 개의 플라스틱 입자가 검출되었다고 보고했다. 이러한 발견은 현대 사회에서 미세플라스틱 문제의 심각성을 더욱 부각시키는 동시에, 과학 기술의 발전을 통해 이전에는 불가능했던 관찰이 가능해졌음을 시사한다.

연구팀은 SRS(Simulated Raman Scattering) 현미경 기법을 이용하여 기존에는 감지하기 어려웠던 미세한 플라스틱 입자들을 성공적으로 포착했다. 이 방법은 두 개의 레이저를 활용하여 신호를 증폭시키는 기술로, 더욱 세밀한 관찰이 가능하게 했다. 연구에서는 특히 PET 입자가 주로 관찰되었는데, 이는 생수가 담겨 있는 PET병에서 유래한 것으로 분석했고, 연구진은 PET병의 물리적 변형, 반복적인 개폐, 그리고 열 노출이 PET 미세플라스틱 발생의 주요 원인이라고 설명했다. 그러나 이러한 설명만으로는 충분하지 않다. 실제로 PET 병을 여닫거나 열을 가하지 않아도, 생수 속에서는 상당량의 미세플라스틱이 검출된다. 이는 PET 병이 제대로 건조되지 않은 상태에서 여러 성형 과정을 거치면서 조직이 가수분해•되어, 내부 벽면에서 미세플라스틱이 분리되어 나오기 때문이다. 그래서 PET병에 물을 담으면 PET 미세플라스틱이 발생하는 것이다.

또한, 연구에서는 정수기 필터로부터 폴리아마이드(PA) 미세플라스틱이 발생했다고 추정하고 있다. 하지만 이는 단순한 가설에 불과하다. PA는 넓은 의미로 사용되는 화학 용어로, 단백질 또한 PA에 속한다. 따라서 SRS 기법을 사용하더라도, 검출된 PA가 정수기 필터에서 나온 것인지, 혹은 다른 유기물에서 나온 것인지 명확히 구분하기 어렵다. 게다가 PA 소재는 엔지니어링 플라스틱••으로, 기계적 물성이 뛰어나 물에 노출되었다고 해서 쉽게 미세플라스틱을 생성하지 않는다.

• 물이 첨가되면서 화합물이 분해되는 것을 가수분해라고 한다.

•• 일반적인 플라스틱보다 뛰어난 물성이나 특성을 가지는 플라스틱을 엔지니어링 플라스틱이라고 한다.

연구의 한계와 국내의 상황

이 연구에서 사용된 SRS 기법으로 미세/나노 플라스틱을 정량 분석하는 방법은 학계에서 아직 공식적으로 인정받지 못했으며, SRS를 이용한 첫 시도라는 점에서는 의미가 있지만, 이 방법이 널리 인정받기 위해서는 추가적인 검증과 연구가 필요한 것이 현실이다.

무엇보다 중요한 것은, 이 연구 결과가 해외에서 생산된 생수에 기반하였다는 점이다. 따라서 이를 국내 생수에 직접적으로 적용하는 것은 신중을 기해야 한다. 국내 생수는 외국 생수와 원수의 특성이나 정수 과정이 다르며, 이에 따라 미세플라스틱의 양과 종류도 다를 수 있다. 특히 같은 PA 소재의 정수 필터를 사용했다 하더라도 회사마다 필터 기공의 크기, 기공도, 기공 모양 및 표면 상태가 다르기 때문에, 분리 성능 역시 다를 수밖에 없다. 특히 이번 논문의 결과에서는 정수되어 나온 물임에도 불구하고 다양한 이물질이 검출됐던 것으로 보아 연구에 대상이었던 필터의 기공이 큰 것으로 보인다.

그러나 국내 생수를 대상으로 한 국내 연구에서도 대부분의 시료에서 미세플라스틱이 관찰되었다는 점은 주목할 필요가 있다. 이는 PET 병의 사용이 미세플라스틱 문제와 무관하지 않음을 시사한다. 그럼 미세플라스틱을 발생시키지 않을 수 있는 방법이 있을까? PET 병 제조 과정에서 수분을 완전히 제거한다면 미세플라스틱 발생을 줄이거나 근본적으로 차단할 수 있겠지만, 이는 제품 가격 상승으로 이어질 수 있다. 그리고 PET병을 고압세척으로 처리해서 미세플라스틱을 떨어뜨린 뒤 생수를 채우는 방법도 생각해 볼 수 있지만, 이때 발생한 미세플라스틱은 결국 하수관을 통해 버려지며 강과 바다로 흘러가는 방식이기 때문에, 역시 바람직하지 않다.

바닷가에 버려진 PET 병에서 발생하는 미세플라스틱은 결국 우리가 마시는 수자원을 오염시킨다.

우리가 할 수 있는 일

그렇다면 우리는 어떤 조치를 취해야 할까? PET 병에 사용되는 전용 필터를 사용하여 미세플라스틱을 제거해야 하는 것일까? 이러한 제품들을 살펴보면, '미세플라스틱 100% 제거'라는 문구 아래에 '기준 크기 20마이크로미터(μm)'라는 표시가 종종 있다. 이는 필터가 20마이크로미터 이상의 크기를 걸러낼 수 있다는 것을 의미하지만, 그 이하 크기에 대해서는 효과가 검증되지 않았다는 점을 유념해야 한다. 그렇다면 미세플라스틱이 검출되지 않은 것으로 표시된 생수만을 선택해야 할까? 이 경우에도 제품에 표시된 기준 크기를 고려해야 한다.

결론적으로 생수 병 내의 미세플라스틱을 제거하거나 처음부터 발생하지 않게 하는 것은 간단한 일이 아니다. 자체적으로 미세플라스틱을 완전히 제거하는 것은 더욱 어려운 일이다. 현재로서는 PET 병에 담긴 생수의 사용을 가능한 한 줄이는 것이 바람직하며, 환경을 생각한다면, PET 병의 구매를 자제하는 것이 올바른 선택이다. 스테인리스 재질의 개인 물병(텀블러 등)에 정수를 담아 마시는 습관을 기르는 것이 가장 안전하고 물을 섭취할 수 있는 방법일 것이다. 또한 어쩔 수 없이 PET 병 생수를 마시게 되더라도, 더 나은 환경을 생각한다면 투명 PET병으로 적절히 분리배출하여 수자원 자체가 미세플라스틱으로 오염되지 않도록 해야 한다.

✳ 브리타 정수기는 안전한가?

필자가 특강이나 유튜브 등을 통해서 생수 속 미세 플라스틱, 정수기 등에 대해 강연을 진행할 때 자주 듣게 되는 질문 중의 하나는 "브리타 정수기는 괜찮나요?"이다. 브리타(Brita) 정수기는 Brita Products Co.에서 개발한 정수 시스템으로, 중력에 의해 수돗물이 필터를 지나가면서 불순물이 여과되는 방식으로 작동하는 정수기이다. 일반적인 정수기는 정수 성능은 뛰어나지만, 별도의 설치가 필요하면서 정수된 물에 미네랄이 거의 남지 않는다는 단점이 있었다. 반면에 브리타 정수기는 휴대가 편하면서 공간 차지도 적고, 미네랄까지도 함유하고 있다고 하니 세계적으로 선풍적인 인기를 끌었다.

법정 분쟁이 시작되다

그런데 2023년 8월에 Brita Products Co.(모회사: Clorox Co)가 허위광고로 소비자를 기만했다는 이유로 미국 캘리포니아 주에서 집단 소송을 당했다는 소식이 전해지면서 소비자들의 이목이 집중되고 있다. 브리타 정수기 필터는 식수에서 '영원한 화학 물질(forever chemicals)'과 같은 일부 위험한 물질을 제거할 수 없음에도 불구하고 필터의 효과를 자랑하면서 소비자를 속여왔다는 혐의이다. 필터의 라벨에 납(Pb), 벤젠(benzene) 등을 포함한 수십 가지 오염물질을 줄인다고는 기재되어 있지만, 비소(arsenic)와 과플루오린화 화합물(PFAS) 등을 제거하거나 적절히 줄이지 못한다는 사실이 명시되지 않았다는 것이다. 거의 모든 것을 다 거를 수 있는 것처럼 광고해왔는데, 사실은 그렇지 않다고 소송을 건 것이니 평소 이 정수기를 애용해왔던 소비자들은 불안에 빠질 수밖에 없었다. 물론 회사는 정수기가 다양한 오염물질들을 제거할 수 있고, 인증 절차를 거쳤기 때문에 문제가 없으며 이번 소송에서 승리할 것을 자신한다고 발표하였다.

양쪽 다 승소를 자신하고 있는 상황이고, 결국 과학적 실험 근거를 바탕으로 재판이 진행될 가능성이 높기 때문에 꽤 오랜 시간이 지나서야 최종 결론이 날 것으로 전문가들은 전망하고 있다. 그렇기에 당장에 이 정수기를 사용하던 사람들은 마냥 불안해하고 있으며 재판 결과에 촉각을 곤두세우고 있다.

해외 제품의 공개된 성능

해외에서 판매되는 제품과 한국에서 판매되는 필터 제품에는 차이가 있으므로, 먼저 해외 제품부터 살펴보자. 브리타 필터의 원리는 먼저 특정 구멍크기를 가진 그물망이 체의 역할을 하여, 상대적으로 큰 미세입자를 거른다. 이후 이온 교환 수지를 이용해 중금속 등을 흡착하고, 활성탄을 이용해서 염소와 유기물질 등을 제거하는 방식으로 물을 정수한다. 미국 브리타 제품의 경우, Standar, Hub, Elit, Refillable 등으로 성능을 세분화하여 판매되고 있다. 가장 대표적인 제품인 Standard 필터의 경우, 공개된 구리, 수은, 카드뮴, 염소, 아연에 대한 필터성능 중 일부는 다음 표와 같다. 더 자세한 성능과 시험 조건 등은 제품 웹페이지를 참고하기 바란다.

해외 브리타 정수기 필터의 Standard 필터 성능표

물질	정수 효과					환경보호청 기준 농도	헬스 캐나다 가이드라인
	정수 전 농도	정수 후 농도		감소율			
		평균	최대	평균	최소		
구리	2.9 ppm	0.17 ppm	0.25 ppm	94%	91%	1.3 ppm	≤ 1.0 ppm
구리	3.0 ppm	0.40 ppm	0.57 ppm	86%	80%	1.3 ppm	≤ 1.0 ppm
수은	5.8 ppb	0.2 ppb	0.2 ppb	96%	96%	2 ppb	1 ppb
수은	5.8 ppb	0.2 ppb	0.4 ppb	96%	93%	2 ppb	1 ppb
카드뮴	31 ppb	2.0 ppb	3.3 ppb	93%	89%	5 ppb	5 ppb
카드뮴	29 ppb	0.9 ppb	2.4 ppb	96%	91%	5 ppb	5 ppb
염소	2.1 ppm	0.08 ppb	0.16 ppb	95%	92%	N.A./50%	N.A.
아연	9.7 ppm	3.4 ppm	4.2 ppm	64%	56%	N.A./5 ppm	≤5.0 ppm

다른 필터인 '브리타 Elite'에 대해서는 더 다양한 불순물에 대한 필터링 성능도 제공하는데, 납, 수은, 카드뮴 외에도 에틸벤젠(ethylbenzene), 비스페놀에이(BPA), 마이크로플라스틱(0.5~1 ㎛) 등에 대한 결과들을 공유하고 있다. 공개된 자료를 토대로 판단하면, '브리타 Elite'가 그 이름답게 더 많은 불순물에 대한 필터링 성능이 뛰어나며, 당연히 가격도 더 비싸다.

여기까지는 브리타 자체가 보유하며 주장하고 있는 성능표로 판단한 내용이다. 과연 이런 성능들이 타기관에 의해서도 인정을 받았을까?

2024년 1월 미국 비영리 환경단체인 EWG에서는 다양한 가정용 정수기의 성능을 시험하여 정수기별 결과를 공개하였다. EWG에서 공개한 자료 중 브리타와 관련된 내용만 추리면 뒷장의 표와 같다. 일리노이주, 워싱턴주, 캘리포니아주에서 실험한 내용이며, 결과는 다소 놀라웠다.

일반 브리타 정수기의 경우 6가 크로뮴(chromium (VI))에 대해 52% 제거율을 보였고, 더 성능이 좋을 것으로 예상됐던 브리타 엘리트의 경우 6가 크로뮴에 대해 16% 감소율만 보인 것이다. 6가 크로뮴은 암을 유발할 뿐만 아니라 장기간 노출 시, 신장이나 간 등에 손상을 초래하는 유해한 화학 물질로, 많은 나라의 관리 대상이 되는 독성 물질이다. 그리고 질산염(nitrate)에 대해서는 일반 브리타 정수기의 경우 52%의 제거율을 보였고, 브리타 엘리트의 경우 14%의 제거율을 보였다. 질산염은 체내 내분비계 교란물질로 작용할 수 있고, 임신 중 질산염에 과하게 노출될 경우 태아의

미국 EWG에서 공개한 브리타 정수기의 성능

	Contaminant	Date sampled	Source	Unit	Concentration	Percent reduction
Ill.	Chromium (VI)	8/7/2023	Brita	Parts per billion	0.91	52%
Ill.	Chromium (VI)	8/7/2023	Brita Elite	Parts per billion	1.6	16%
Ill.	Nitrate (as N)	8/7/2023	Brita	Parts per million	0.18	52%
Ill.	Nitrate (as N)	8/7/2023	Brita Elite	Parts per million	0.32	14%
Wash.	Radon	2/7/2023	Brita Elite	pCi/L	69.7	49%
Wash.	Total THMs	2/7/2023	Brita Elite	Parts per billion	ND	100%
Calif.	Total THMs	6/5/2023	Brita	Parts per billion	4.1	95%
Calif.	Total THMs	6/5/2023	Brita Elite	Parts per billion	1.7	98%
Ill.	Total THMs	8/7/2023	Brita	Parts per billion	3.8	87%
Ill.	Total THMs	8/7/2023	Brita Elite	Parts per billion	ND	100%

Ill. 일리노이주/Wash. 워싱턴주/Calif. 캘리포니아주

건강에 영향을 줄 수 있다고 알려져 있는 화학 물질이다. 이에 따라 여러 국가에서는 식수 속 질산염 농도를 신경 쓰고 관리하고 있기도 하다.

이 결과를 보면 앞선 브리타 엘리트 성능표에서 언급되는 높은 제거율이 다소 무색해지는 것은 사실이다. 그렇지만 EWG에서 공개한 6가 크로뮴이나 질산염은 브리타에서 자체적으로 제공하는 성능표에는 언급이 없으므로 비교하여 살펴보기는 어렵다. 그리고

EWG에서 유독 제거율이 낮은 타겟 물질만 공개한 것인지, 전체적으로 다 좋지 않은데 대표적인 예시들만 공개한 것인지는 알 수 없다. 다만 EWG 결과를 통해 브리타 엘리트 정수기의 정수 기능이 완벽한 건 아니라는 것이 분명한 사실임이 밝혀졌다.

흥미롭게도 브리타 엘리트는 EWG 결과에서 THM이라는 화학 물질에 대해서는 최대 100% 제거율을 보이는 매우 높은 성능을 보여 주고 있다. THM은 트라이할로메테인(trihalomethane)의 약자로, 물 소독 과정에서 발생할 수 있는 부산물을 지칭한다. 하나의 물질을 지칭하는 것이 아니며, 대표적으로 클로로폼, 브로모폼 등이 있다. THM은 장기간 노출 시 매우 유해하며, 일부 연구에서는 임신 중 노출됐을 때 유산이나 선천적 결함 등을 야기할 수 있다고 보고되어 있고, 고농도로 노출될 경우 암을 포함한 다양한 건강상의 문제를 초래할 수 있는 화학 물질이다. 그런 화학 물질에 대해서 높은 제거율을 보인 것은 매우 다행이라고 할 수 있다.

결국 미국에서의 소송 쟁점은 Standard 필터를 사용하는 일반 브리타의 성능을 Elite 필터에 준하는 성능으로 광고를 했는지가 주요 쟁점이 될 것이며, Elite 필터 자체가 만약 성능 미달로 나올 경우 그 파장은 걷잡을 수 없을 것으로 예상된다. EWG에서 문제 삼은 6가 크로뮴과 질산염에 대한 필터 성능은 애초에 회사에서 공개한 성능표에서 언급하고 있지 않기 때문에, 이번 소송에서는 주요 쟁점이 되지는 않을 것으로 판단된다. 현재 미국에서 관련된 소송이 진행 중이고, 이 재판의 최종 결과가 나오려면 3~5년은 걸릴 것으로 가늠된다.

국내 브리타 정수기의 성능 수준

그럼 국내 브리타 정수기는 어떠할까? 국내 브리타 정수기의 경우 '한국에 특화된 필터'를 사용한다고만 언급하고, 해외 브리타 정수기처럼 성분별 구체적인 성능표를 공개하고 있지는 않다. 단순히 '(1) 0.2 mm 이상의 미세 입자, (2)석회질, 구리, 납 등 중금속 외 불순물, (3) 물맛과 향을 해치는 염소 및 유기물질'을 줄여준다라고만 언급하고 있다. 모든 중금속을 다 제거한다는 의미인지, 줄인다면 10% 줄이는 것인지, 99% 줄이는 것인지 전혀 알 수가 없다. 구체적인 수치가 제시돼 있어야, 미국처럼 성능을 가지고 소송 등의 이슈가 생길 수 있는데, 아예 공개돼 있지 않기 때문에 미국처럼 논란이 될 것으로 보이지는 않는다.

'한국형으로 특화된 필터'가 해외의 'Standard 필터' 수준의 성능인지, 'Elite 필터' 수준의 성능인지는 알 수 없지만, 미세입자 측면에서 보면 Elite 필터 수준은 아닌 것으로 판단된다. Elite 필터는 해외 성능표에서 0.5~1 μm를 필터링 할 수 있다고 공개하고 있는데, 한국에서는 200 μm(0.2 mm) 이상을 거를 수 있다고 공개하고 있기 때문이다. 따라서 한국 브리타 필터의 경우, Standard 필터와 비슷한 수준의 성능을 갖고 있을 것으로 추정된다.

어떻게 대처할 것인가?

그럼 우리는 어떻게 생각하고 행동하면 되는 것일까? 일련의 소송 및 EWG 결과 등을 통해서 결론내리자면, 결국 국내에서 유통되는 한국형 브리타 정수기에 주입되는 물의 상태가 중요할 것으로 보인다. 주입되는 물이 매우 오염이 심한 물이라면, 앞선 결과들처럼 6가 크로뮴이나 질산염에 대해 필터 기능이 떨어지기 때문에, 깨끗한 물을 마시게 된다고 말하기가 어렵다. 하지만 주입되는 물의 상태가 깨끗한 수준이라면, 브리타 정수기의 효용성은 높다고 볼 수 있다. 다행히 우리나라의 수돗물은 세계적인 수준으로 평가될 정도로 깨끗한 물임은 이미 증명이 됐다. 수돗물 속에 잔류하고 있는 각종 염소계 성분과 소독 후 부산물인 THM에 대해, 브리타 정수기는 뛰어난 필터능력을 보여줄 수 있기 때문에 미네랄을 섭취하고 싶은 사람에게는 브리타 정수기가 좋은 선택지가 될 수 있는 것이다.

하지만 수돗물이 아무리 깨끗하다 한들 상수도관이 오염돼 있다면, 아무 소용이 없다. 우리나라에서 지속적으로 터지는 각종 녹물사건들은 노후화된 상수도관이 많다는 것을 의미하고 있다. 같은 동네에 살아도 집집마다 연식이 다 다르기 때문에, 상수도관의 노후화된 정도에 따라 수돗물의 수질은 달라진다. 정부는 국민들의 수돗물 섭취를 권장하기 위해서 무료로 수질검사를 시행하고 있다. 지자체 상하수도 사업본부에 연락해서 여러분 집의 수돗물 수질검사를 받아볼 것을 추천한다. 수질검사 결과, 아무런 문제가 없다면 브리타 정수기의 효용성은 매우 뛰어나지만, 만약 수질 상태가 좋지 못하다면 브리타 정수기는 좋은 대안이 되기 어렵다고 보면 된다.

정수할수록 더 오염되는 물이 있다고?

영원한 화학물질, 과불화화합물

2024년 현재 과불화화합물(과플루오린화 화합물)은 전 세계적으로 경계하고 관리되는 화합물이다. 과불화화합물에 속하는 다양한 화학물질이 있으며, 이 중 주로 언급되는 것으로는 PFOA(Perfluorooctanoic acid, 과불화옥탄산), PFOS(Perfluorooctanesulfonic acid, 과불화옥탄설폰산)과 PFHxS (Perfluorohexanesulfonic acid, 과불화헥산설폰산)이 있다.

과불화화합물의 독성 연구는 현재 진행형이며, 지금까지 밝혀진 것 위주로 살펴보자. PFOA의 경우, 간과 췌장에서 악성 신생물(암)의 발생 위험을 증가시키는 것으로 알려져 있다. 췌장암은 생존율이 약 3%밖에 안될 정도로 가장 치명적인 암이다. PFOS의 독성은 갑상선 호르몬 및 생식계에 영향을 주며, 인체 면역 반응을 약화시킬 뿐만 아니라 태아의 낮은 출생체중과 어린이의 발달지연을 유발할 수 있다. 그리고 PFHxS는 대사 장애 및 갑상선 기능 장애와 면역계에 영향을 준다고 알려져 있다.

사실 독성이 명확한 화합물은 매우 많은데, 최근 들어 유독 과불화화합물에 대해서 전 세계적으로 집중하고 있는 이유는 무엇일까? 그 이유는 이 화합물들의 안정성이 매우 뛰어나기 때문이다. 화합물이 매우 안정하다는 의미는, 환경과 인체 내에서 쉽게 분해되지 않는다는 것이다. 이 때문에 과불화화합물은 '영원한 화학물질'이라는 무서운 별명까지 붙여질 정도이다. 안정성이 뛰어나서 분해가 잘 안되더라도, 우리 몸에 유입됐을 때 배출만 잘되면 그 심각성은 떨어진다. 하지만 과불화화합물은 인체에 흡수됐을 때 대사작용을 통해 배출되기가 매우 어려우며, 혈액, 간, 신장 등에 장기간 머물면서 독성을 일으키기 때문에 전 세계적으로 이 물질을 주의 깊게 관리하는 것이다.

낙동강 속의 과불화화합물

우리는 이런 과불화화합물에 대한 노출을 최소화해야 한다. 만약 우리가 마시는 물을 통해 과불화화합물에 노출된다면 더 큰 위협으로 다가올 것이다. 다음 그래프는 4대강(한강, 낙동강, 금강, 영산강) 주요 지점의 연도별 수질오염도를 다양한 지표를 통해 살펴본 것이다.

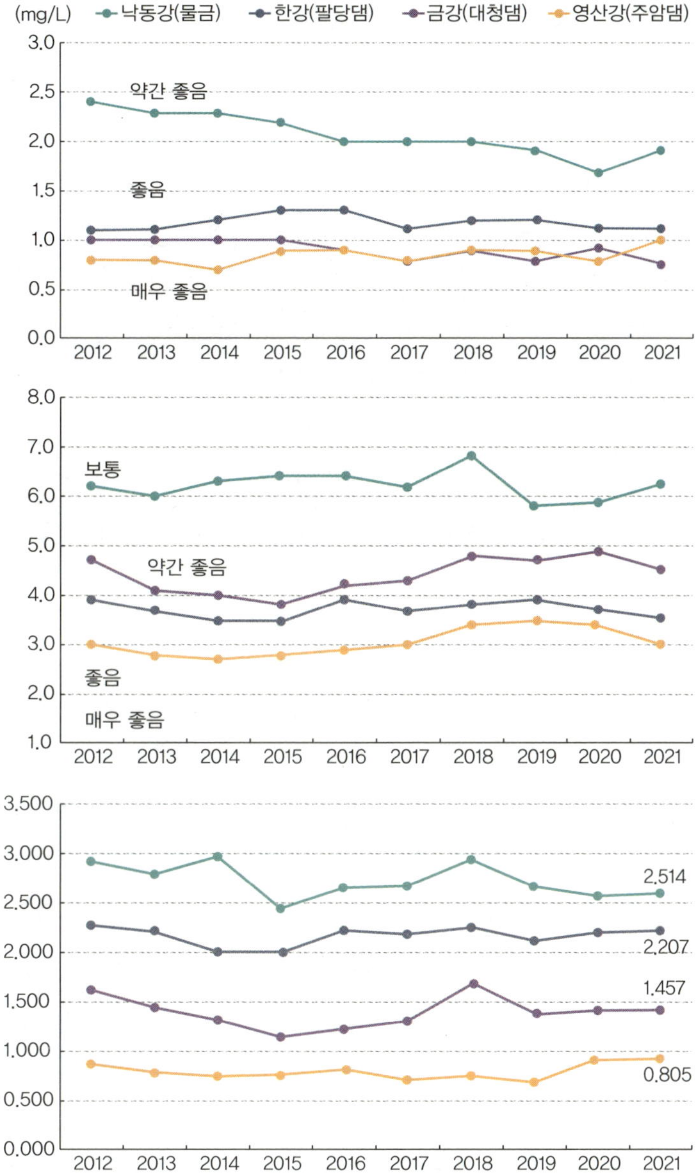

4대강 주요지점 수질오염도(위에서부터 BOD, COD, 총질소(T-N). 출처: 환경부)

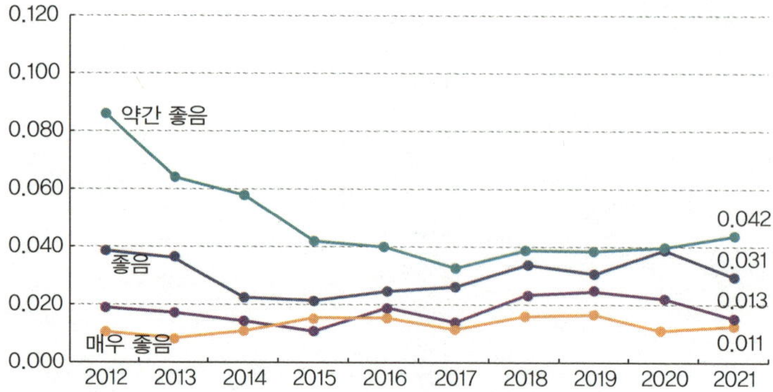

4대강 주요지점 수질오염도(총인(T-P). 출처: 환경부)

생물학적 산소요구량(BOD*)뿐 아니라 COD(화학적 산소요구량), 총 인의 양, 총 질소 측면에서 살펴봐도 상대적으로 낙동강의 수질이 제일 나쁜 편에 속한다는 것을 명확하게 볼 수 있다. 그나마 다행으로 각종 지표들이 연도에 따라 증가하는 추세를 보이는 것이 아니라, 낮아지거나 유지하는 경향을 보인다. 그만큼 정부와 지자체의 엄격한 관리/감독 덕분이라고 볼 수 있다.

그런데 왜 낙동강의 수질이 상대적으로 더 오염되어 있을까? 그 이유는 바로 낙동강 주변의 산업단지 때문이다. 낙동강 주변에만 산업단지가 200개 이상인데, 단지마다 수십 개에서 수백 개의 회사들이 있다 보니 공장에서 배출되는 폐수로 인해 상대적으로 낙동강 수질이 저하된다. 물론 공장폐수는 별도의 처리를 거쳐 배출

* BOD: 물 속에 있는 호기성(산소를 좋아하는) 미생물이 유기물을 분해하는 데 필요한 산소 소모량. BOD가 높을수록 물 속에 유기물이 많다는 뜻이므로 수질오염이 심하다는 지표가 된다.

하게 되어 있으며, 반드시 오염물질을 기준치 이하로 배출하게 되어 있는 것은 사실이다. 하지만 아무리 처리를 해도 100% 거르는 것은 불가능하기 때문에 낙동강 수질은 항상 4대강 중에서 가장 높은 오염수치를 보이는 것이다.

영남지역의 수질오염 실태

이렇게 상대적으로 오염도가 높은 낙동강을 취수원으로 하는 지역은 영남지역인데, 안타깝게도 지속적으로 물 관련 이슈가 발생하고 있다. 1991년에는 낙동강 페놀 사태로 인해 수돗물에서 심한 악취가 발생하는 일이 있었으며, 1994년에는 낙동강에서 벤젠, 톨루엔이 검출되기도 하였고, 2019년에는 대구 수돗물에서 과불화화합물 0.078 ㎍/L가, 부산에서는 0.109 ㎍/L가 검출돼 많은 이들이 불안에 떨었다.

2020년 7월에는 낙동강 원수(정수하기 전 물)와 정수에서 과불화화합물이 미량 검출되는 일이 발생하기도 하였다. 화명정수사업소의 정수된 물에서 PFHxS가 0.007 ㎍/L이 검출됐으며, 덕산정수사업소의 정수된 물에서도 동일 화합물이 0.007 ㎍/L 검출돼 많은 이들이 충격을 받았다. 게다가 화명정수장과 덕산정수장에서 정수된 물임에도 불구하고 PFOA가 0.011 ㎍/L이 검출되었다. 이후 2022년에 다시 측정한 결과가 다음 표와 같다.

부산시 정수장의 PFOA 검출량 및 제거율

PFOA	2020년	제거율	2022년	제거율
화명정수장(원수)	0.016 μg/L	약 31%	0.014 μg/L	약 36%
화명정수장(정수)	0.011 μg/L		0.009 μg/L	
덕산정수장(원수)	0.017 μg/L	약 35%	0.013 μg/L	약 23%
덕산정수장(정수)	0.011 μg/L		0.010 μg/L	

표에 나와있는 것처럼 PFOA에 대해서, 화명정수장은 2022년에 원수에서 0.014 μg/L이 검출됐는데, 이는 2020년 수치(0.016 μg/L)보다 다소 낮아진 수치이다. 그러나 정수에서는 여전히 0.009 μg/L가 잔류한 것으로 검출됐는데, 정수했음에도 불구하고 제거율은 약 36%에 그쳤다. 덕산정수장의 경우 원수 기준으로 2020년 대비 수치가 다소 낮아지긴 했으나, 정수한 물에서 여전히 0.010 μg/L이 검출됐으며, 제거율은 약 23%에 그쳤다. 시간이 지났음에도 불구하고 정수한 물에 여전히 과불화화합물이 잔류하고 있다는 뜻이다. 게다가 더 충격적인 결과는 명장정수장(2022년)에서 발생한다. 원수에서는 PFOA가 발생하지 않았는데, 정수에서는 0.005 μg/L이 검출됐던 것이다. 무(無)에서 유(有)가 창출된 것이다.

어떻게 이런 일이 발생할 수 있을까? 혹시 실험이 잘못됐던 것은 아닐까? 하지만 다른 공공기관 자료에 따르면 결코 이상한 현상이 아니라는 것을 쉽게 알 수 있다. 다음 표에 나와있는 것처럼 '낙동강 과불화화합물의 검사결과'를 보면, PFHxS에 대해 원수와 정수된 물에서의 농도 수치에서 이상한 점을 관찰할 수 있다. 원수에서는 0.002~0.007 μg/L 수준의 농도가 관찰됐는데, 오히려 정수를 거치자 최대 0.098 ㎍/L까지 수치가 상승했다. 7월 4일자 결과를 보면, 원수 대비 정수된 물에서 PFHxS 농도가 49배까지 증가했다. 4배가 아니라 49배라니! 뿐만 아니라 PFOA에 대해서도 비슷한 상승 현상이 관찰되기도 했다.

낙동강 과불화화합물 검사결과(대구시 상수도사업본부 자료)

검사일	과불화헥산설폰산(PFHxS)	
	원수(µg/L)	정수(µg/L)
7월 4일	0.002	0.098
7월 6일	0.002	0.082
7월 9일	0.002	0.084
7월 11일	0.002	0.074
7월 13일	0.003	0.077
7월 16일	0.003	0.077
7월 18일	0.003	0.073
7월 25일	0.003	0.066
7월 27일	0.003	0.076
7월 30일	ND	0.086
8월 1일	ND	0.063
8월 3일	0.006	0.074
8월 6일	0.006	0.073
8월 17일	0.007	0.061
8월 20일	0.007	0.053
8월 29일	ND	0.023
8월 31일	ND	0.038

도대체 어떻게 이런 일이 발생할 수 있는 것일까? 그 이유는 바로 필터로 사용되는 활성탄 때문으로 추정된다. 정수장에서 널리 사용되는 활성탄에 과불화화합물 같은 오염물질이 붙어있을 경우,

오랜 시간이 지나면서 붙어있던 과불화화합물이 떨어져 나왔을 가능성이 매우 높다. 그래서 정수물에서 과불화화합물 농도가 상대적으로 높게 측정됐던 것이다.

과불화화합물에 대한 EPA의 발표

물론 이런 수치들에 대해서 정부 관계자는 한결같이 기준치 이하이기 때문에 안전하다는 입장이다. 실제 노출시간과 노출횟수 등을 고려해서 기준치를 정하는데, 일반적으로는 기준치 이하면 안전하다고 보는 것이 옳다. 하지만 2022년 6월 미국환경보호청(EPA)의 입장문을 보면 꼭 그렇지는 않은 것 같다.

미국환경보호청은 과불화화합물의 평생 노출되는 양을 고려했을 때, 0에 가까운 수치라 하더라도 건강에 부정적인 영향을 미칠 수 있다고 보고했다. 우리가 그동안 믿어왔던 '기준치 이하면 안전하다'라는 사실이 과불화화합물에 대해서는 아닐 수도 있다는 의미이다. 그 이유는 앞서 언급한대로 우리 몸에 유입이 되면 분해되지 않고 쉽게 빠져나가지도 않으며 각종 장기에 오랜 기간 머물면서 독성을 일으키기 때문이다. 결론은 산업체는 최대한 방출하면 안 되고, 우리 역시 최대한 노출되면 안 된다는 것이다.

과불화화합물에 대한 대처 방안

이런 상황에서 부산시는 2022년에 평상시에도 0.010 μg/L 정도는 검출되기 때문에 향후 처리 능력이 높은 입상 활성탄 교체주기를 기존의 3년에서 1년으로 축소 및 분말 활성탄 투입시설 설치 등의 계획을 발표한 바 있다. 그렇다면 2023년부터는 눈에 띄는 결과가 보여야 하는데, 과연 수질은 안전해졌을까? 2024년 현재까지는 발표된 결과가 없고, 어떤 자료도 공개돼 있지 않은 것이 현실이다. 대구시나 부산시 수돗물 평가 위원회의 공개된 회의록을 봐도, 기본 70개의 항목에 대한 수치만 공개되었으며, 과불화화합물에 대한 자료는 찾을 수 없었다.

그럼 영남지역 사람들은 어떻게 해야 할까? 영남지역 내에서도 편차가 크기 때문에, 지자체 상수도사업본부에 연락해서 수돗물 수질검사를 받아보는 것도 한 방법이다. 이때 기본적인 검사만 하기 때문에 추가로 과불화화합물에 대한 검사도 요청할 수 있다. 그 전까지 불안하다면, 역삼투막 기반의 정수기를 사용하는 것도 한 방법이겠다. 역삼투막은 과불화화합물 정도는 쉽게 거를 수 있기 때문이다.

정부는 어떻게 하는 것이 바람직할까? 활성탄 교체 주기를 1년으로 단축하겠다고 했으나, 지금의 나온 결과들을 보면 6개월 미만으로 교체주기를 잡는 것이 바람직하고, 비용이 들더라도 3개월까지 단축하는 것도 적극 검토해야 한다. 그리고 가장 확실한 방법은 취수원을 변경하는 것이다. 낙동강 주변의 200개 넘는 산업단지를 옮기는 것은 사실상 불가능하니, 비용이 들더라도 취수원을 옮길 필요가 있다. 실제 2024년 초에 환경부에서도 검토 의견을 밝힌 바 있다. 조만간 결론이 나서 중장기적 계획으로 취수원이 변경되기를 기대해본다.

수산물 속 과불화화합물이 심각하다고?

2022년 4월 식약처는 〈2022 과불화화합물 통합위해성평가보고서〉를 공개했다. 주로 PFOA, PFOS 위주로 분석한 내용으로, 2024년 현재 과불화화합물 관련 가장 최근 보고서이다. 이런 종류의 보고서는 연구/조사 내용이 매우 방대하고 1년 단위로 평가하기 어려운 요소들이 많기 때문에 다년 단위로 보고서가 나올 수밖에 없다. 도대체 과불화화합물의 위험성이 어느 정도이길래 이렇게 정부가 나서서 조사한 뒤 별도의 보고서까지 발표하는 것일까?

과불화화합물의 반감기와 위험성

사실 과불화화합물은 다른 잔류성 유기오염물질보다 인체에 축적되는 양이 적다. 그러나 체내로부터 배출되는 반감기•가 길기 때문에 문제가 된다. PFOS의 혈청 반감기는 약 5.4년이며, PFOA는 약 2.3년이다. 만약 여러분 몸 속에 현재 100 mg의 PFOS가 있다면, 5.4년이 지나야 50 mg으로 줄어든다는 것이다. 그리고 다시 5.4년이 지나야 25 mg으로 줄어들고, 또 5.4년이 지나야 12.5 mg으로 줄어든다. 이렇게 줄어드는 데도 오래 걸릴 뿐만 아니라 이 와중에도 지속적으로 우리 몸에 PFOS 등이 유입이 되면 체내에 머무는 과불화화합물의 농도는 지속적으로 증가할 수 밖에 없다. 게다가 PFOA의 경우 경구를 통해 빠르게 완전히 흡수될 수 있는데, 단회 경구 투여 시 24시간 이내 93%가 흡수될 수 있다. 동물 실험결과에서는 흡수된 PFOA가 쥐의 간, 신장, 혈액에 분포했다. 특히 90% 이상은 혈액에 분포했는데 이는 혈중 알부민과 잘 결합하기 때문이다. 게다가 임신한 쥐에 PFOA를 경구 투여할 경우 태반/수유를 통해 새끼에게 전달된다는 연구결과도 있으며, 인체에서도 PFOA가 임산부로부터 태아에게 전이된다는 일부 결과도 발표된 바 있다.

그럼 PFOS는 어떨까? 실험동물에 PFOS를 경구로 투여했을 때 흡수율은 높았고 제거가 잘 되지 않았으며, PFOA와 유사하게 간, 신장, 혈액에서 검출되는 것으로 나타났다. 이 외에도 중추신경계 및 다양한 장기에 분포하는 것으로 분석됐다. 또한 인체에서 신장을 통한 배설이 실험동물보다 낮다는 점에 주목해야 한다. 한마디로 쉽게 배설이 안된다는 뜻인데, 이는 신장에서 PFOS의 재흡수가 활발하기 때문이다. 왜 PFOS의 반감기가 무려 5.4년인지 쉽게 이

● 반감기: 해당 물질의 양이 절반으로 줄어드는데 필요한 시간

해가 되는 대목이다.

PFOA와 PFOS에 대해 다양한 동물독성 시험 및 연구결과들이 존재하며 지금도 지속적으로 연구가 진행되고 있다. 그 중에서 출생 시 몸무게에 영향을 주고, 콜레스테롤을 증가시키며, 간 효소의 변화에 영향을 끼친다는 독성에 대해서는 이미 통계학적으로 유의미하다고 명확하게 밝혀져 있다. 이에 세계 곳곳에서 이 물질들에 대해 관리하는 것이다. 이렇게 독성도 명확하고, 일단 우리 몸에 유입되면 분해/배출이 잘 안되기 때문에 어떻게든 노출을 최소화하는 것이 정답이다. 이런 과불화화합물의 주요 노출원은 식품, 먹는 물, 먼지 순인데, 식품이 전체 노출원의 90% 이상을 차지할 정도로 압도적이다.

PFOA와 PFOS의 식품 내 검출 현황

국내 식품의 PFOA 검출률은 어느 정도 될까? 약 55.9%다. 식품의 절반 이상에서 과불화화합물이 존재한다는 뜻이다. 식품 회사에서 지저분하게 식품을 제조했기 때문일까? 그렇지 않다. 대다수의 식품 회사들은 매우 깨끗한 환경에서 제조하지만, 원료가 되는 농산물, 축산물, 수산물 등에 이런 과불화화합물이 존재하기 때문에, 필연적으로 식품 내에 PFOA/PFOS가 검출되는 것이다.

식품 중에서 과불화화합물 노출에 더 많이 기여하는 것은 무엇을까? 국내식품 중 PFOA 모니터링 결과(표)를 살펴보면, 농산물의 PFOA 검출률이 4.17%였고, 오염도가 0.051 ng/g이었다. 그런데 수산물의 경우 검출률이 무려 약 85%에 달했으며, 오염도는 5.627 ng/g이었다. 오염도 기준으로 보면, 축산물이 농산물 대비 약1.4배 높았지만, 수산물은 농산물 대비 약 110배 이상 높다는 충격적인 결과였다.

국내 식품 중 PFOA 모니터링 결과(2014~2019)

분류	시료 수	검출률(%)	오염도(ng/g)	비고
농산물	549	4.17	0.051	
축산물	30	80.00	0.073	농산물 대비 약 1.4배
수산물	886	84.54	5.627	농산물 대비 약 110배

그럼 해외의 결과는 어떠할까? EFSA(유럽)기관에서 공개한 자료에 따르면 수산물의 경우 검출률이 9.5%밖에 되지 않는다는 것을 알 수 있다. 한국은 검출률이 약 85%였는데, 유럽의 경우 수치가 훨씬 낮다는 것이다. 게다가 오염도를 기준으로 살펴보면, 유럽수치 중 가장 높은 값을 가지고 비교를 해봐도, 우리나라 오염도의 약 13%밖에 되지 않는다.

국외 식품 중 PFOA 모니터링 결과(EFSA, 2020)

분류	시료 수	검출률(%)	오염도(ng/g)		비고
수산물	3,106	9.50	0.188(LB)	0.732(UB)	한국 대비 오염도 약 13%

PFOS의 결과는 어떨까? 다음 표를 보면 농산물은 PFOS의 검출률이 6.38%이고, 축산물은 28.13%인 데 반해, 수산물은 검출률이 약 88%에 이른다. 오염도 측면에서 보면 수산물은 1.276 ng/g인데, 이는 농산물(0.043)의 약 30배에 해당하는 수치이다. 한마디로 수산물은 PFOS의 검출률도 매우 높고, 오염도도 매우 높다.

국내 식품 중 PFOS 모니터링 결과(2014~2019)

분류	시료 수	검출률(%)	오염도(ng/g)	비고
농산물	549	6.38	0.043	
축산물	30	28.13	0.023	농산물 대비 약 0.53배
수산물	886	88.39	1.276	농산물 대비 약 30배

해외 PFOS의 모니터링 결과(ESFA, 2020년)도 다음 표에 나타내었다. 수산물의 PFOS 검출률은 약 39%로 PFOA보다 검출률이 높은데, 한국의 검출률(약 88%)보다는 낮았다. 수산물의 PFOS 오염도는 한국 대비 약 1.58배로 약간 높은 수치를 보이고 있으나, 검출률이 우리나라의 절반도 안 되기 때문에 인체에 노출되는 실제 양을 생각하면 더 위험하다고 보기 어렵다.

국외 식품 중 PFOS 모니터링 결과(EFSA, 2020)

분류	시료 수	검출률(%)	오염도(ng/g)		비고
수산물	3,469	39.49	1.672(LB)	2.014(UB)	한국 대비 오염도 약 1.58배

이렇게 기본적으로 우리나라로 유입되는 수산물 내 과불화화합물 검출률과 농도가 모두 높기 때문에, 정부는 2020년 인체노출안

전기준을 변경하였다. PFOA는 2.9 ng/kg bw/day로 강화하고, PFOS는 6 ng/kg bw/day로 강화하였다. PFOA의 경우, 체중이 50 kg 성인이라면 하루에 145 ng의 PFOA에 노출되어도 괜찮다는 뜻이며, 체중이 60 kg이라면 하루에 PFOS는 360ng 은 노출돼도 괜찮다는 의미이다.

이런 기준이 국외 다른 기관들과 비교하면 어느 정도 수준일까? EFSA(유럽)가 우리나라보다는 엄격하지만(PFOA와 PFOS 각각 0.85 및 1.8), 다른 기관들과 비교해보면 우리나라의 기준은 엄격한 편이다. 한 가지 흥미로운 점은 바로 UKCOT(영국)의 수치이다. 기준치가 PFOA의 경우 1500 ng/kg bw/day이고, PFOS는 300 ng/kg bw/day일 정도로 해당 화학물질에 대해 관대한 입장을 취하고 있다.

국외 위해평가기관 과불화화합물의 인체노출안전기준

기관명	PFOA (ng/kg bw/day)	PFOS (ng/kg bw/day)	설정연도
EFSA(유럽)	549	6.38	0.043
USEPA(미국 환경보호청)	30	28.13	0.023
CanadaFPTC(캐나다)	30	0	000
FSANZ(호주/뉴질랜드)	0	0	0
ATSDR (미국독성물질질병등록청)	0	0	0
Danish EPA(덴마크)	0	0	0
Germany(독일)	0	0	0
UKCOT(영국)	886	88.39	1.276

그 이유는 바로 설정연도에 있다. 영국의 설정연도는 2006년이

다. 즉, 2006년까지 쌓인 각종 독성자료들을 토대로 기준을 세웠을 때의 적절한 수치인 것으로, 각종 독성자료가 계속해서 쌓인 것을 토대로 기준치를 세운 여러 다른 기관들을 보면 수치가 더 엄격한 것을 알 수 있다. 이 표가 함의하는 바는 우리나라가 세운 PFOA(2.9 ng/kg bw/day)와 PFOS(6 ng/kg bw/day)라는 수치는 2020년 입장에서 봤을 때 가장 적합한 수치라는 점이다. 만약 2030년에 다시 기준을 정하게 되면, 그 때도 이 수치가 가장 적합한 수치일 지는 아무도 모른다.

일단 최근(2020년)에 설정된 PFOA와 PFOS의 인체노출안전기준으로 2022년에 발표된 자료는 다행히도 PFOA/PFOS의 체내 총 노출량은 안전한 수준으로 나타났다. 우리보다 엄격한 EFSA(유럽)의 기준으로 살펴봐도 우리나라의 PFOA/PFOS의 체내 총 노출량은 안전한 편에 속하니 매우 다행이다.

지속되는 위험성

하지만 안타깝게도 우리가 더 생각해야할 것이 있다. 2022년 미국 환경보호청(EPA)의 입장 발표에 따르면 '물'을 기준으로 했을 때 PFOA 등이 아무리 0에 가까운 수준의 낮은 농도로 하더라도, 일생 동안 노출되는 양과 한번 몸에 유입되면 잘 배출되지 않는 성질을 고려하면 이조차도 위험할 수 있다고 경고하였다. 우리나라에서 2022년에 결과를 발표했다고 했는데, 이는 2022년 전까지의 결과를 가지고 발표한 것이기 때문에, 미국의 2022년 입장변화를 고려한 발표가 아니라는 점을 명심해야 한다. EPA에서는 '물'을 가지고 입장을 얘기했지만, 식품에도 그대로 적용되기 때문에 그동안 기준치 이하면 무조건 안전하다는 식의 생각은 위험할 수도 있다.

게다가 식품 내에는 PFOA와 PFOS만 있는 것이 아니다. 인체와 환경 내에서 PFOA/PFOS가 가장 흔하게 검출되는 것은 맞지만 과불화화합물의 종류는 등록된 것만 4,000종이 넘는다. 4백종이 아니라 4천종이다. 실제 2023년 대구시의 수돗물 품질보고서에 따르면 2022년에 측정한 정수장의 정수 수질검사 결과에서 PFOA/PFOS 외에도 PFPA(과불화펜탄산), PFHxA(과불화헥산산), PFHpA(과불화헵탄산)이 미량이지만 정수된 물이었음에도 불구하고 측정되어 충격을 준 바 있다. 그만큼 우리가 물이든 식품 등을 통해서 유입될 가능성이 있는 과불화화합물의 종류는 매우 많기 때문에, 단순히 PFOA/PFOS의 양만 가지고 위험성을 논하는 것은 적절하지 않다. 예를 들어 PFOA는 기준치 이하로 몸에 유입되더라도 다른 PFPA나 PFHxA 등이 미량 같이 존재했을 때, 어떤 복합독성이 일어나는지는 제대로 연구된 바 없다. 과불화화합물 종류만 4천종이 넘는 상황에서 복합독성의 모든 경우의 수를 다 실험해본다는 것은 사실상 불가능에 가깝다. 앞으로 하나둘씩 이런 복합독성들이 밝혀질 것을 생각해본다면, 과불화화합물에 최대한 노출될 가능성을 줄여야 하는 것은 자명하다.

결론적으로, 우리 몸에 유입되는 과불화화합물의 90%는 식품을 통하기 때문에, 수산물 섭취는 소량으로 하는 것이 바람직하다. 하지만 수산물 자체에는 죄가 없다는 사실도 결코 잊어서는 안 된다. 지금 이 순간에도 끊임없는 공장폐수 및 생활하수가 강과 바다로 흘러가고 있으며, 이런 화학물질들이 계속해서 누적되다 보니 이렇게 수산물 속 과불화화합물 농도가 높아지는 것이다. 우리나라만 노력해서 되는 것이 아니라 제조업이 발달한 나라들끼리 다 같이 머리를 맞대고 해결책을 모색해야 할 것이다.

☀ 굴에 발암물질이 제일 많다고?

2024년 2월 식품의약품안전처는 '식품의 중금속 기준·규격 재평가 보고서 II'를 발표했다. 종전의 보고서는 2017년이었으며, 2023년에 실험/분석한 내용을 바탕으로 작성되어 7년만에 나온 보고서이다. 보고서의 분량이 방대하기 때문에, 여기서는 중금속 중 카드뮴(Cd)에 대해서만 주로 살펴볼 것이다. 카드뮴은 그 다양한 독성이 지속적으로 연구되고 있는데, 대표적인 독성은 신장 기능 저하를 일으키고, 골다공증 및 면역체계 기능을 약화시킬 수 있으며, 대표적인 발암물질이기도 하다. 따라서 우리나라를 포함하여 대부분의 국가에서 항상 주의 깊게 관리하는 성분이라고 할 수 있다.

이런 독성을 가진 카드뮴 관련해서 이번 보고서의 대표적인 특이사항은 '식품별 평균 오염도의 변화'에서 찾아볼 수 있다. 2016년에 실시한 실험에서는(2017년 보고서) 식품별 평균 오염도가 0.04 mg/kg이었는데, 이번 2023년에 실시한 실험에서는(2024년 보고서) 평균 오염도가 0.043 mg/kg으로 그 수치가 약 7.5% 증가했다. 게다가 검출률은 2016년에 68.9%였는데, 2023년 조사에서는 76.9%로 역시 상승한 것으로 나타났다. 100개를 검사했을 때, 77개에서 중금속 카드뮴이 검출됐다는 뜻인데, 이런 추세가 계속될 경우, 추후에는 100개의 시료 중 95개에서까지 검출될 수도 있다.

카드뮴의 오염도 순서는 수산물>농산물>가공식품>축산물 순서였다. 수산물의 오염도가 제일 높다고 해서 인체 위해도가 제일 높다는 것을 의미하는 것은 아니다. 오염도가 높아도 섭취량이 적으면 실제 중금속의 유입량이 줄어들게 되는 것이며, 오염도가 낮아도 해당 식품의 섭취량이 많으면 실제 유입되는 중금속 양이 늘어나니 위험할 수 있다.

이번 조사에서 가장 카드뮴의 농도가 높았던 식품의 종류는 무엇이었을까? 과거 조사에서는 오징어 등의 두족류가 높았는데, 이번 조사에서는 굴이 카드뮴 농도 1위를 차지했으며, '오염도가 특이적으로 높은 식품'으로 지목하였다. 상대적으로 얼마나 카드뮴 농도가 높은지 축산물과의 비교를 통해 체감해 보자. 대표적인 축산물인 돼지고기와 닭고기가 모두 0.001 mg/kg(ppm)으로 측정되었으며, 굴은 0.479 mg/kg으로 측정됐다. 굴의 카드뮴 오염도가 축산물의 479배에 이른다는 뜻이다. 47배가 아니라 479배다!!

그럼 이번 조사에서 2위는 어떤 식품이었을까? 2위는 꼬막이었고, 농도는 0.400 mg/kg(ppm)이었다. 이처럼 굴과 꼬막과 같은 패류(조개류)들에서 카드뮴 오염도가 높은 원인은 무엇일까? 직접적인 원인으로는 해상오염을, 그 다음 원인으로는 해당 식품들의 수확 위치를 들 수 있겠다. 굴과 꼬막은 태평양 한 가운데서 수확하는 것이 아니라 육지 근처에서 수확을 한다. 지금 이 순간에도 육지에서는 생활하수와 공장폐수가 강과 바다로 흘러 들어가고 있

태안군 포지리의 굴 양식장 모습

다. 공장에서 공장폐수를 버리는 것은 전혀 불법이 아니며, 기준치만 지켜서 방류하면 아무런 문제가 없다. 그렇기 때문에 오염물질이 지속적으로 강과 바다로 흘러 들어가고 있다.

그러나 바다로 들어간 중금속 등은 시간이 지난다고 해서 그 양이 줄어드는 것이 아니기 때문에 지속적으로 누적된다. 하물며 굴과 꼬막 등은 육지 근처의 바다나 갯벌에서 수확하기 때문에, 오염원인 육지와 매우 가까워서 상대적으로 해상오염에 더 취약할 수밖에 없다. 한마디로 굴과 꼬막 자체에 무슨 잘못이 있거나, 이를 양식하는 종사자들의 문제가 아니라, 그저 바다가 오염돼 가는 과정에서 발생한 현상이며, 관련 종사자들도 피해자일 뿐이다.

물론 해당 농도는 정부에서 정한 기준치 이하이기 때문에, 이 자체로 문제라 말하기에는 시기상조일 수 있다. 그러나 사람마다 섭취하는 양이 모두 다를 뿐만 아니라 패류 외의 다른 식품을 통해서도 카드뮴을 섭취하게 된다. 따라서 유독 농도가 높은 패류의 섭취량에 대해서는 주의를 기울일 것을 당부한다.

아예 섭취를 피하는 것이 상책일까? 굴에는 오메가-3 지방산과 비타민, 미네랄이 매우 풍부하다. 게다가 굴은 고단백/저칼로리 식품이며, 타우린이라는 항산화 성분까지 함유한 영양만점의 식품이다. 따라서 최대한 중금속 성분을 빼내고 섭취하는 것이 좋겠다. 즉, 생굴로 섭취하는 것보다 열을 가해서 데치거나 오랫동안 삶아서 굴 내부에 존재하는 중금속을 최대한 빼는 것이 바람직하다. 물론 열을 오래 가하면 앞서 열거한 유익한 성분들도 일부 빠지는 현상이 발생하지만, 우리 몸에 유입돼서 쉽게 배출되지 않는 중금속의 특징을 고려한다면, 이렇게 하는 것이 가장 바람직한 방법임을 잊어서는 안 된다.

새우에서 낯선 과불화화합물이 검출됐다고?

2024년 5월 31일 SBS 뉴스에 "생선 내장서 살코기보다 과불화화합물 10개 검출"이라는 제목의 기사가 게재됐다. 식약처에서 국내 수산물 44종을 조사했는데, 꼬막과 액젓 2가지를 뺀 나머지에서 과불화옥탄산(PFOA)이 검출이 됐다. 특히 바닷가재는 평균의 17배, 멍게는 9배에 달했으며, 생선 내에서도 내장과 살코기 내에서 검출양이 달라서 부위별로 다르다는 것이 이번 실험을 통해 명확히 드러났다. 식약처에서는 PFOA/PFOS의 체내 총노출량을 평가했을 때, '2020년 재평가된 인체노출안전기준' 대비 안전한 수준이라고 밝혔다. 즉, 각종 수산물 등의 식품에서 과불화화합물들이 검출되는 것도 맞고, 인체에서 검출되는 것도 맞지만, 현재 노출 수준은 괜찮다는 입장인 것이다.

새로운 과불화화합물, PFUnDA

하지만 안타깝게도 정부의 초점은 오직 PFOA와

PFOS에만 머물러 있다. 실제 환경과 체내에서 가장 많이 발견되는 과불화화합물이 PFOA 및 PFOS인 것은 맞지만, 과불화화합물이 이 두 종류만 있는 것은 아니다. 등록된 것만 4천종이 넘는데, 오직 2개만 놓고 안전성 여부를 판단하는 것은 위험할 수 있다. 이런 상황에서 2024년 7월에 해외 저널 *Environment International*에 실린 「Levels and spatial profile of per- and polyfluoroalkyl substances in edible shrimp products from Japan and neighbouring countries; a potential source of dietary exposure to humans」이라는 제목의 논문은 우리에게 시사하는 바가 크다.

일본 연구팀은 일본과 인접 국가의 8개 연안 지역의 7종의 새우를 분석했는데, 과불화옥탄 설폰산(PFOS)과 과불화운데칸산(perfluoroundecanoic acid, PFUnDA)이 총 과불화화합물(PFAS)의 46% 차지하였다. 그동안 PFOA와 PFOS만 고려하면 되는 줄 알았는데, 새우에서 PFOS와 더불어 가장 많이 검출된 과불화화합물은 PFOA가 아닌 PFUnDA였던 것이다. 뿐만 아니라 새우에서 관찰된 PFAS의 profile이 일본 소비자들 혈청의 profile과 일치하는 것이 확인됨에 따라, 결과적으로 새우와 같은 해산물 소비가 과불화화합물에 대한 주요 노출원임이 명확해졌다. 물론 일본 인근 연안 지역을 대상으로 했기 때문에, 이 결과를 그대로 우리나라에 대입할 수는 없다.

과불화화합물, 강화된 규제가 필요할 때

그렇지만 적어도 PFOA/PFOS에만 집중하고 있는 현재의 제도가 문제가 있다는 것은 분명하다. 게다가 우리나라의 최근 인체 바이오모니터링에서도 PFHxA, PFHxS, PFNA, PFUnDA, PFDA, PFPeDA, PFBS 등이 검출될 정도로 현재 인류는 다양한 종류의 과불화화합물에 노출되고 있다. PFOA와 PFOS는 상대적으로 연구가 많이 진행되었지만, 다른 과불화화합물은 충분히 연구되지 않았고, 여러 종류의 과불화화합물이 같이 있을 때 발생하는 복합독성까지 규명하려면 아직 멀었다. 게다가 중금속 등과 같은 다른 유해물질과의 복합독성 역시 제대로 연구된 바 없기 때문에 마냥 괜찮다고 손놓고 있는 것은 바람직하지 않다. 실제 2024년 미국과 유럽은 과불화화합물에 대한 규제를 대폭 강화하고 있으며, 식수에 대해서는 0에 가까운 농도를 만들기 위해서 노력 중이다. 이는 우리나라 역시 좀더 강화된 관리 체계를 만들어야 한다는 것을 시사한다.

과불화화합물은 제조업이 발달한 나라에서 많이 배출되는 화학물질인 만큼, 중국, 일본, 한국, 대만, 베트남 등에서 초국가적인 협력이 필요한 때이다. 현재로서는 그저 과한 수산물 섭취를 피하는 수밖에 없는 현실이 안타까울 뿐이다.

참치 통조림이 메틸 수은 노출의 주요 원인이라고?

메틸 수은은 수은의 유기 화합물로서, 중금속이며 인체 독성이 명확하기 때문에 대다수의 나라에서 지침을 두고 관리하고 있다. 특히 중추신경계 손상을 유발해서 기억력 저하 및 시야 손실 등을 초래한다고 알려져 있으며, 간 기능 장애 및 면역계 독성을 유발해서 감염에 대한 저항력 저하를 가져오는 성분이므로 더욱 주의 깊게 관리해야 하는 성분으로 취급된다. 우리나라 역시 어류에 대해서는 1.0 mg/kg, 냉동식용 어류머리에 대해서도 1.0 mg/kg으로 기준을 세워놓고 관리 중이다.

해양 오염과 수산물 오염

그런데 2024년 2월에 발표된 '식품의 중금속 기준·규격 재평가 보고서 II'에서 식품별 메틸 수은의 평균 오염도와 검출률 수치는 우리에게 경각심을 불러일으킨다. 농산물, 축산물, 수산물, 가공식품 총 5,300여 종을 대상으로 조사한 결과 수산물의 평균 오염도(0.079 mg/kg)는 가장 낮은 농산물(0.00005 mg/kg)의 1580배에 달했으며, 검출률 또한 48.1%로 가장 높았다.

이렇게 수산물이 다른 식품보다 메틸 수은의 검출률과 오염도가 모두 높은 이유는 무엇일까? 수산물 스스로 이런 위험한 중금속을 만들어 내기라도 한 걸까? 그렇지 않으며, 바다가 오염되는 상황에서 나온 결과일 뿐이다. 수은은 산업현장에서 다양한 용도로 활용되며(형광등에도 쓰인다), 폐기물을 처리하는 과정이나 폐수를 통해 강과 바다로 유입된다. 그 과정에서 수은은 미생물에 의해서 메틸 수은으로 변하게 된다. 이에 노출된 수산물에서 메틸 수은이 상대적으로 과량 검출되는 것은 어찌 보면 당연한 일이다.

다랑어 주의보

이런 수산물 중에서도 눈 여겨 봐야 할 것이 있다. 오염도가 높다고 하더라도 상대적으로 더 높은 종류가 있을 것이고, 오염도가 높아도 노출량이 적으면 걱정할 필요가 없다. 따라서 노출량(LB)과 오염도가 모두 평균보다 높은 식품에 주목해야 한다. 다음 표에 나와 있는 것처럼, 다랑어류(품목 기준)가 0.114 mg/kg의 오염도를 보이며, 노출량도 평균보다 높은 식품으로 확인되었다(기타 심해성 어류는 오염도는 높지만, 섭취량은 다랑어류의 1.8%

노출량과 오염도가 모두 평균보다 높은 식품

중분류	소분류		품목	오염도(mg/kg)	섭취량(g/day)
어류	해양 어류	다랑어류 및 새치류	다랑어류	0.114	3.000
		심해성 어류	기타 심해성 어류	0.240	0.054
어란류	어란류		다랑어류알	0.149	0.050

에 불과함).

게다가 다랑어류는 '메틸 수은 총 노출량' 중 노출 기여율 측면에서도 1위를 차지했는데, 무려 43.1%에 달했다. 2위와도 차이가 매우 큰, 압도적인 1위였다. 한마디로 여러분들이 메틸 수은에 노출이 된다면, 다랑어류가 가장 기여를 많이 한다는 뜻이다.

참치 통조림 건강하게 먹는 법

그럼 당연히 가다랑어와 같은 다랑어류를 조심해야겠다는 생각이 들면서도, 내가 평소에 가다랑어를 많이 먹나 싶은 생각이 들 수도 있다. 그런데 참치 통조림이 주로 가다랑어로 만든다는 사실을 아는 사람은 많지 않다. 참치김밥이나 김치찌개에 참치 캔을 까 넣어 조리하였다면, 바로 가다랑어를 먹은 것이다. 왜 가다랑어가 노출기여율 1위를 차지했는지 쉽게 이해가 갈 것이다.

정부도 이 사실을 알기 때문에, 참치 통조림을 별도로 메틸 수은 오염도를 측정해보았다. 그 결과 일반어류의 오염도가 0.016 mg/kg, 가다랑어가 0.085 mg/kg, 참치 통조림은 0.024 mg/kg으로 측정되었다. 이 수치만 보면, 참치 통조림은 일반 어류보다 약간 높은 정도이고, 가다랑어보다는 매우 낮아 보인다. 그런데 이는 착시 효과이다. 참치 통조림에는 가다랑어만 있는 것이 아니라 식용유를 넣는다. 주로 카놀라유를 넣기 때문에, 참치 통조림을 열면 기름 국물을 볼 수 있다. 이 식용유 때문에, 메틸 수은의 농도가 희석되는 효과가 발생한다. 만약 이 식용유를 제거하고 순수 내용물만의 메틸 수은을 측정했다면, 더 높은 수치가 측정이 될 것이다(식용유에는 메틸 수은 함량이 무시할 정도로 매우 낮다). 따라서 여러분들이 참치 통조림을 즐겨 먹게 되면, 그렇지 않은 사람보다 더 높은 양의 메틸 수은에 노출된다고 보면 된다.

물론 현재까지 노출량은 정부가 정한 인체노출안전기준보다 안전한 수준으로 평가받는다. 그런데 문제는 이 기준이라는 것이 모두 메틸 수은 자체의 단일 독성만을 기준으로 한다는 점이다. 메틸 수은이 다른 중금속이나 다른 유해물질과 같이 있을 때 일어나는 복합독성은 제대로 연구되지 않은 상황이다. 최근에야 여러 성분들의 다양한 복합독성들이 연구 중이며, 지속적으로 복합독성 연구결과가 나오는 상황이다. 따라서 최대한 노출을 줄이는 것이 좋다고 말할 수밖에 없다. 단일 독성만 가지고 위험성을 평가하는 정부조차도 극단섭취자 민감계층의 경우 해양어류 섭취에 주의가 필요하다고 밝히고 있을 정도이다.

그럼 명절에 참치 통조림을 선물 받으면 다 버리는 것이 현명하게 대처하는 것일까? 꼭 그럴 필요까지는 없다. 이런 참치 통조림을 김치찌개 등에 넣어서 끓이고, 섭취할 때는 국물 섭취를 최대한 자제만 해도 메틸 수은의 섭취량을 줄일 수 있다. 더 좋은 방법은 참치 통조림을 개봉한 뒤 기름은 버리고, 내용물을 물에 여러 차례 씻은 뒤, 물에 오랫동안 담가 둔 후 섭취하는 것이다. 이렇게 하면 메틸 수은의 섭취량을 획기적으로 낮출 수 있다. 게다가 통조림 캔 내부 코팅제로부터 용출될 수 있는 유해 화학 물질에 대한 노출도 줄일 수 있으니 잘 활용하기를 바란다.

유럽이 한국산 해조류를 수입금지 조치했다고?

유럽은 식품/사료의 안전 문제 및 정보를 투명하고 신속하게 공유하기 위한 목적으로 RASFF라고 하는 신속경비시스템(Rapid Alert System for Food and Feed)을 설치하여 운영하고 있다. 만약 식품 안전의 위험이 발견되면, RASFF 시스템을 통해 유럽 내 정보가 빠르게 교환되며, 필요에 따라 즉각 조치가 이뤄지게 된다.

해조류 수출길이 막히다

그런데 2024년 4월 유럽의 슬로베니아에서는 한국 seaweed snack에 대해서 수입 금지 조치를 내리게 된다. 그 이유는 아이오딘(요오드) 함량이 30±8 ppm으로 높게 측정됐기 때문이었다. 그 이전에는 2023년 12월, 오스트리아와 독일에서 우리나라의 건조 해조류에서 아이오딘이 각각 248 ppm, 530 ppm 및

4829 ppm이 검출되어 수입 금지 조치되었다.

도대체 아이오딘이 무엇이길래 이렇게 유럽에서 우리나라 해조류 제품을 문전박대하는 것일까? 아이오딘은 우리 몸에서 갑상선 호르몬 생산에 중요한 역할을 하는 필수 원소이다. 그런데 과잉 섭취할 경우 갑상선 기능이 과도하게 활성화되거나 저하되기 때문에, 결과적으로 갑상선기능항진증(hyperthyroidism) 또는 갑상선기능저하증(hypothyroidism)을 유발할 수 있다. 유럽에서 대표적으로 독일의 경우, 이런 이유로 아이오딘 함량이 20 ppm 이상이면 해조류 제품의 유통을 금지하고 있다. 여러 의학적 근거로 20 ppm을 기준으로 삼고 있는데, 당시 수입금지 조치됐을 때의 검출 농도가 기준치의 약 240배인 4829 ppm였다는 것은 큰 충격이 아닐 수 없다. 우리나라에서는 흔하게 섭취하는 김, 미역 등이 유럽의 기준에는 맞지 않는다니? 더 충격적인 사실은 이런 수입금지 조치를 우리나라 국민들의 대부분은 모른다는 사실이다. 해당 사건들을 국내 언론에서 거의 다루지 않았기 때문이다.

우리나라의 아이오딘 기준

그럼 우리나라에서는 몇 ppm을 기준으로 하고 있을까? 관할 부서인 식품의약품안전처(식약처)는 건조 해조류에 대한 아이오딘 함량의 기준/규격을 세우지 않고 있다(권장섭취량만 제시하고 있다). 기준조차 없다니, 우리나라 국민들은 아이오딘에 선천적으로 타고난 안전성을 갖고 있는 것일까? 아니면 아이오딘을 과량 섭취'해도 무조건 안전하다는 연구결과라도 있는 것일까?

임신 중이나 산후기간에 아이오딘에 노출되어도 갑상선 기능에 특별한 영향을 미치지 않는다는 연구결과가 일부 있는 것은 사실이다. 하지만 전 세대에 대한 독성 연구결과가 충분한 것도 아닐 뿐만 아니라, 다른 유해화학물질과 같이 있을 때의 복합독성 역시 충분히 연구된 것이 아니기 때문에, 아이오딘 과잉 노출에 대해 마냥 안전하다고 볼 수 없는 것이 사실이다. 유럽이 민감하게 반응하는 데 이유가 없는 것이 아니라는 뜻이다.

따라서 우리나라도 유럽처럼 관련 기준을 가지고 관리/감독할 때가 되었다. 그럼 그전까지 우리는 어떻게 행동하는 것이 바람직할까? 미역 등을 무조건 기피해야 할까? 아이오딘 외에도 수산물의 높은 중금속 함량 역시 문제가 되니, 아예 지금 기회에 완전히 끊어야 할까? 그렇지 않다. 미역은 대부분 국의 형태로 섭취되므로, 국물을 제외하고 건더기 위주로만 섭취한다면, 아이오딘을 과잉 섭취할 가능성을 현저히 낮출 수 있다. 각종 중금속 섭취량 역시 이렇게 섭취하면 크게 낮출 수 있으니, 현명한 방식으로 요리하여 섭취하는 것이 바람직하겠다.

2

주방과 식생활

백미 vs. 현미, 어느 것이 더 중금속에 오염됐을까?

아시아권 국가에서는 쌀이 주식인 경우가 많다. 대한민국도 예외는 아니며 최근에 소비량이 줄었다고 하지만, 여전히 대다수의 국민들이 주식으로서 쌀을 즐긴다. 2024년 2월에 식약처에서 발표한 '식품의 중금속 기준·규격 재평가 보고서'를 토대로 쌀의 중금속 현황을 살펴보자. 특히 중금속 중 납과 카드뮴에 대해서 집중적으로 다룰 것이다. 납(Pb)의 경우 성인이 중독되면 고혈압, 기억력 저하 및 정자 수 감소 등을 초래하며, 카드뮴(Cd)은 암을 유발하는 대표적인 발암물질이다.

증가하고 있는 납 오염이 위험

식약처에서 발표한 식품종별 평균 납 오염도는 수산물이 평균 0.044 mg/kg(ppm)으로서 제일 높은 오염도를 보였으며, 이는 해상오염으로 인한 현상으로 쉽게 해석이 된다. 이후 가

공식품(0.034 ppm), 농산물(0.017 ppm), 축산물(0.012 ppm) 순으로 오염도가 높았다. 다만 검출률은 농산물(82.6%,), 수산물(80.6%), 가공식품(75.6%), 축산물(69.4%) 순으로 차이가 있었다.

전체 식품의 평균 납 오염도는 2023년에 0.032 mg/kg이었으며, 이는 2016년 수치인 0.025 mg/kg보다 28% 증가한 수치이다. 검출률 역시 2016년 77.2%에서 2023년 79.6%로 올라 거의 80%에 육박한다. 평균 납 오염도와 검출률 모두 증가 추세에 있으므로 적극적인 조치가 필요한 순간이다.

전체 식품의 평균 납 오염도 추이

	2016년	2023년
납 평균 오염도(mg/kg)	0.025	0.032(28% 증가)
검출률	77.2%	79.6%

오염도와 검출률이 높아짐에 따라 식품 섭취에 의한 단위 체중당 1일 납 노출량 역시 증가하고 있다. 실제 2016년 단위 체중당 1일 노출량은 0.210 ㎛였는데, 2023년에는 0.381 ㎛로 증가하였다. 이는 약 81.4%가 증가한 수치이다. 식품의 평균 오염도가 해가 갈수록 증가하고, 검출률도 계속해서 증가한다면 우리의 노출량도 덩달아 증가할 수밖에 없다는 사실을 꼭 명심해야만 한다.

이런 노출량이 우리에게 끼치는 유해 수준은 괜찮을까? 식약처에서 정한 '인체노출안전 기준'으로 판단하면 현재의 노출 수준은 안전한 것으로 나타난다. 그러나 이 기준의 설정연도는 2011년임에 주목하라. 시간이 흐르면서 전 세계적으로 새로운 독성결과들이 발표되고 있고, 이를 통해 다시 기준을 다시 재정비해야 할 필요성 역시 대두되고 있다. 그럼에도 우리나라에서는 아직 2011년 기준으로 판단할 수밖에 없는 상황이 다소 불편한 현실이다. 정부가 현재는 안전하다고 했으니 마냥 안심해도 되는 것은 아니라는 것이다. 식약처에서조차 '전 연령 극단 섭취자'의 경우 지속적인 관찰 및 저감 노력이 필요하다고 주의하고 있다. 앞서 언급한 수치들은 모두 평균일 뿐이기 때문에, 이 글을 읽은 독자가 평소 평균을 넘어 앞서 열거한 식품들을 과잉 섭취하는 습관을 갖고 있다면, 위험성을 안고 있다고 보면 된다.

쌀의 납 오염 현황

본격적으로 쌀의 중금속 오염도는 어떤 상황인지 살펴보자. 아래 표에 나와있는 것처럼 이번 조사에서 백미는 0.025 mg/kg의 평균 납 오염도를, 현미는 0.012 mg/kg의 수치를 보였다.

백미와 현미의 평균 납 오염도와 섭취량

	납 오염도(mg/kg)	섭취량(g/day)
백미	0.025	151.724
현미	0.012	8.488

백미의 섭취량은 151.724 g/day로 현미 섭취량의 약 17.8배에 이른다. 수산물의 평균 납 농도가 더 높음에도 불구하고, 섭취량 측

면에서 백미가 더 많기 때문에 전체 납에 대한 노출량 중 가장 기여율이 높은 식품이 곧 백미가 되었다. 즉, 농도가 높더라도 해당 식품을 먹는 양 자체가 적으면, 실제 몸에 유입되는 중금속의 절대 양은 적다. 그러나 백미처럼 농도가 낮더라도 그 식품을 많이 먹으면, 체내 유입되는 중금속의 절대 양이 늘어나게 된다.

이렇게만 보면 백미가 현미보다 중금속 농도도와 섭취량이 더 높으므로, 더 위험하다고 판단하기 쉽다. 실제 그럴까? 현미는 벼에서 껍질만 제거한 쌀이고, 백미는 벼에서 껍질과 겨층을 제거해서, 최대한 흰 부분이 드러날 정도로 도정한 쌀이다. 도정을 하면 할수록 중금속 농도가 늘어나는 것일까? 납은 주로 쌀 내부에 존재하고, 겨층에는 중금속 납의 농도가 매우 낮다. 따라서 겨층을 갖고 있는 현미에서는 이 겨층이 중금속 농도를 희석하는 효과가 나타난다. 그래서 백미의 중금속 농도가 더 높게 측정되는 것이다. 하지만 백미 1톨과 현미 1톨에 존재하는 중금속의 절대치는 같다. 현미와 백미가 똑같은 쌀알 수로 존재하는 밥 한 공기를 먹으면, 같은 양의 중금속이 체내에 유입되는 셈이다. 에스프레소 커피를 한 잔을 마시든지, 이 에스프레소에 물을 타 희석한 아메리카노를 마시든지 체내에 유입되는 커피의 절대 양을 같은 것과 같다. 따라서 납 측면에서는 백미와 현미의 차이를 두는 것이 큰 의미가 없다.

더 중요한 것은 바로 연도별 평균 납 오염도의 변화이다. 2017년 보고서(조사는 2016년에 시행)에 따르면, 2016년도에 백미의 납 오염도는 0.0044 mg/kg이었는데, 2023년 조사에서는 0.025 mg/kg으로 증가했으며 이는 무려 5.7배가량 증가한 수치이다. 현미의 경우에는 2016년에 0.0035 mg/kg이었던 데 반해 2023년에는 0.012 mg/kg으로 증가했는데, 이는 약 3.4배가 증가한 수치이다. 7년만에 백미의 납 오염도가 5.7배 증가하고, 현미의 납 오염도가 3.4배 증가한 것이다. 만약 극단적인 가정으로 2030년에도 5.7배가 증가하고, 2037년에 또 5.7배가 증가하게 되면, 백미는 아예 안전 기준치를 넘어서게 된다(판매중지 조치가 내려진다는 뜻이기도 하다).

쌀의 카드뮴 오염 현황

또 다른 중금속인 발암물질 카드뮴(Cd)에 대한 오염 상황은 어떨까? 2023년에 백미의 카드뮴 오염도는 0.033 mg/kg이었고, 현미는 0.024 mg/kg이었는데, 이런 차이는 앞서 언급한 납 오염도의 차이와 동일하다.

백미와 현미의 연도별 평균 카드뮴 오염도 변화

	2016년(mg/kg)	2023년(mg/kg)	비고
백미	0.015	0.033	2.2배 증가
현미	0.0124	0.024	약 1.9배 증가

카드뮴의 연도별 차이는 표에서 보듯이, 백미는 2016년에 0.015 mg/kg에서 2023년 0.033 mg/kg으로 2.2배가 증가했으며, 현미는 2016년에 0.0124 mg/kg에서 2023년 0.024 mg/kg으로 약 1.9배가 증가하였다. 납의 증가량보다는 작지만, 카드뮴 역시 높은 오염도

의 증가를 보여주고 있는 것이 현실이다.

도대체 7년이라는 짧은 기간 내에 왜 이렇게 쌀 내에서 급격한 중금속의 농도 증가가 관찰된 것일까? 여러 이유가 있을 수 있다. 생활하수와 공장폐수가 강과 바다로 흘러가는 과정에서 토양으로 유출되었을 수 있으며, 미세먼지의 영향 역시 간과할 수 없다. 미세먼지 내에는 납과 카드뮴 등과 같은 중금속이 다량 존재한다. 미세먼지가 벼에 달라붙어 있는 상황에서 비가 내리거나 물을 뿌려주면 중금속 성분이 벼 안으로 스며들거나, 토양에 스며든 중금속 성분이 뿌리를 통해 벼로 유입될 수 있다. 그렇다면 미세먼지가 더 심하고 공장 등이 더 많은 중국의 경우, 쌀이 더 오염돼 있을까? 실제로 그렇다. 중국 내 일부 지역에서 생산된 쌀의 경우, 중금속 농도가 국산 쌀의 6~7배에 해당할 정도로 매우 높게 측정된 사례를 찾을 수 있다. 지역에 따라 환경오염도가 달라지고 이에 따라 쌀의 오염도도 달라진다고 보면 되겠다.

그럼 이런 상황에서 어떻게 행동하는 것이 바람직할까? 현재 쌀 내의 중금속 농도가 안전한 수준이라 하더라도 지금의 증가 추세가 심상치 않은 수준인 것은 확실하다. 정부 측면에서 이제부터라도 적극적인 대책을 마련해야 한다. 하지만 일반 국민으로서는 할 수 있는 방법은 별로 없다. 가급적 국내산 쌀을 섭취하는 것이 좋고, 쌀을 원료로 하는 제품에서도 그 원산지를 확인하는 것이 필요하다. 기본적으로 '소식'을 실천하는 삶을 사는 것이 현재로서는 가장 적절한 방법이라고 할 수 있다.

둥굴레차가 수상하다고?

둥굴레는 우리에게 매우 친숙한 식물이다. 과거 구황작물•이었을 뿐만 아니라 원효대사가 수도할 때 섭취했다고 알려져 있을 만큼 영양소가 풍부한 식물이기에 약재와 차로 널리 활용되고 있다. 둥굴레의 효능은 구체적으로 긴장 완화, 피로 회복, 항산화 작용, 혈압 조절, 당뇨 예방 등의 효능이 밝혀져 있으며, 따라서 약재나 차로 활용되는 것은 어쩌면 당연한 일이다. 그런데 2024년 2월 식품의약품안전처(식약처)에서 발표한 '식품의 중금속 기준·규격 재평가 보고서'에 따르면 둥굴레에 대해서 우리가 마냥 신뢰만 할 수는 없다는 것을 알게 된다.

둥굴레 속 카드뮴과 납

표에 나와있는 것처럼 먼저 중금속 카드뮴에 대해

• 구황작물: 흉년 등으로 기근이 심할 때 빈민들이 굶주림에서 벗어나도록 곡식 대신 섭취하였던 식품

서 알아보면, 둥굴레 뿌리의 경우 카드뮴 오염도가 0.060 mg/kg(ppm)이었는데, 이는 돼지고기 0.001 ppm의 60배에 달하는 수치였다. 둥굴레 잎에서 검출된 0.08 ppm은 닭고기 0.001 ppm의 80배에 달한다.

둥굴레의 부위별 카드뮴 평균 오염도(mg/kg). (출처: 식약처)

채소류	2023년 Cd 오염도 (mg/kg)	2023년 Cd 오염도 (mg/kg)		비고
둥굴레 뿌리	0.060	돼지고기	0.001	돼지고기 대비 60배
둥굴레 잎	0.080	닭고기	0.001	닭고기 대비 80배

중금속 납(Pb)의 경우는 어떨까? 중금속 납은 성인에게는 고혈압, 기억력 저하 등을 불러일으키고, 어린이의 경우 지속적으로 노출되면 주의력결핍 과잉행동장애를 일으킬 정도로 독성이 명확하다. 당연히 우리나라도 기준치를 세우고 관리하고 있는데, 채소류 중 근채류(뿌리를 이용하기 위해 재배하는 채소)의 경우 납 기준치가 0.1 mg/kg(ppm)이고, 엽채류(잎을 이용하기 위해 재배하는 채소류)의 경우 0.3 mg/kg(ppm)이다. 그런데 납 오염도 측면에서는 충격적인 결과가 공개되었다. 근채류인 둥굴레 뿌리의 경우 납 오염도가 0.120 mg/kg(ppm)으로, 정부 기준치를 초과했을 뿐만 아니라 Group 1(노출량과 오염도가 모우 평균보다 높은 식품) 중에서도 가공품을 제외하고 2위를 차지했을 정도로 심각한 납 오염도를 보여주었다. 심지어 이 수치는 돼지고기 0.006 ppm의 20배에 달하는 수치였다. 게다가 엽채류인 둥굴레 잎에서는 무려 0.320

ppm이 측정되었으며, 이는 이번 식약처 조사 전체 품목 중 2위를 차지할 정도로 매우 높은 수치이다. 정부가 정한 기준치를 초과한 것은 물론, 닭고기 0.007 ppm의 약 46배에 달하는 매우 높은 수치였다.

둥굴레의 부위별 납 평균 오염도(mg/kg). (출처: 식약처)

채소류	2023년 납 오염도 (mg/kg)	2023년 납 오염도 (mg/kg)		비고
둥굴레 뿌리(근채류)	0.120 (Group 1 중 가공품 제외 2위)	돼지고기	0.006	돼지고기 대비 20배
둥굴레 잎(엽채류)	0.320 (전체 2위)	닭고기	0.007	닭고기 대비 약 46배

축산물이 아닌 채소류끼리 비교하더라도 둥굴레의 납 오염도는 독보적이다. 무는 0.009 ppm, 파는 0.014 ppm, 배추는 0.024 ppm이었으며, 높게 측정된 냉이(0.055 ppm), 케일(0.054 ppm), 무청(0.044 ppm) 등과 비교해봐도 둥굴레 뿌리와 둥굴레 잎은 채소류 내에서도 납의 오염도가 유독 높았다.

미세먼지와 둥굴레

그렇다면 둥굴레에서 이렇게 납이 높게 검출되는 이유는 무엇일까? 단순히 환경이 오염됐기 때문이라고 설명하기에는 채소류 내에서도 수치가 높다. 공장폐수나 생활하수 때문에 발생하는 것일까? 공장폐수나 생활하수가 강과 바다로 흘러들어가 수산물이 오염될 경우, 납보다는 카드뮴수치가 높게 측정되는 편이다. 그런데 둥굴레는 수산물이 아닐뿐더러 카드뮴보다 납이 높게 측정된다. 그 얘기는 수산물에서 중금속 수치가 높게 측정되는 이유와 둥굴레 오염은 다르다는 뜻이다. 실제 둥굴레는 산간지역과 같은 소위 청정지역에서 재배한다. 그럼 왜 이렇게 납에 오염되는 것일까?

그 이유는 미세먼지와 초미세먼지에서 찾을 수 있다. 실제로 미세먼지와 초미세먼지를 분석하면, 납이 카드뮴보다 훨씬 높은 농도로 검출된다. 둥굴레 잎은 그 표면특성상 미세먼지가 더 잘 달라붙는 편이다. 그 이후에 비라도 내릴 경우 미세먼지 내에 존재하는 각종 중금속 성분은 둥굴레 잎 속으로 용해/확산된다. 또 미세먼지로 오염된 토양이 비 등에 노출될 경우 역시 흙 내부로 중금속 성분이 유입되고, 둥굴레 뿌리의 강한 중금속 흡수능력 때문에 납 성분이 높은 농도로 검출된 것이다. 한마디로 둥굴레 관련 종사자들의 잘못이 아니라(농약을 사용했다 하더라도 농약 내에는 중금속 납과 카드뮴은 존재하지 않는다) 어떻게 보면 피해자에 가까운 것이다. 미세먼지 및 초미세먼지가 그들의 잘못은 아니기 때문이다.

그렇다면 우리는 둥굴레의 앞서 열거한 유익한 효능들을 포기해야 하는 것일까? 꼭 기억해야할 사실은 국내에는 둥굴레가 국내산과 중국산이 모두 유통이 되고 있다는 것이다. 미세먼지가 납 오염도에 주요 원인이라면 미세먼지 농도가 훨씬 높은 중국에서도 재배하는 둥굴레가 더 오염됐을 가능성이 매우 높다. 필자도 과거 국내산 고사리와 중국산 고사리의 납 농도를 분석했던 적이 있는데, 중국산에서 더 높은 농도의 납이 검출된 바 있다. 따라서 둥굴레 관련 제품을 구매할 때 국내산을 선택하는 것이 하나의 좋은 선택이 될 수 있다. 그럼 중국산 둥굴레를 원재료로 제품을 만드는 회사는 어떻게 해야 할까? 회사 스스로 원재료의 납 농도를 공개해서 소비자의 불안감을 해소시키는 것이 제일 중요할 것이다.

미세먼지 등으로 인한 둥굴레의 오염은 현재 우리가 직면한 환경오염의 민낯이 드러난 현상이라고 할 수 있다. 이 외에도 환경오염으로 인한 피해 사례는 셀 수 없을 정도로 많다. 국민의 건강을 고려한 정부의 대책 마련 역시 시급하다고 할 수 있겠다.

☀ 요리를 하면 할수록 빨리 늙는다고?

노화를 막을 방법은 없지만, 나이보다 젊어 보이고 싶은 마음은 누구에게나 있다. 노화를 느리게 진행되게 하고 싶은 것이 사람의 본능이기에 주름개선 효과가 있는 화장품이나 항산화 효과가 있는 영양제가 불티나게 팔리는 것은 어쩌면 당연한 현상이다.

PAH와 노화의 연관성에 대한 연구

당연하게도, 노화와 관련된 수많은 연구가 역시 절찬리에 진행되고 있다. 그 중에 필자의 눈길을 끈 논문을 하나 소개하고자 한다. 2024년 4월에 *Environmental Science & Technology* 라는 저널에 실린 「Urinary Metabolites of Polycyclic Aromatic Hydrocarbons of Rural Population in Northwestern China: Oxidative Stress and Health Risk Assessment」라는 논문으로,

제목을 번역하면 “북서부 중국 농촌 인구의 다환 방향족 탄화수소의 소변 대사물: 산화 스트레스 및 건강 위험 평가” 정도가 되겠다. 즉 중국 북서부 농촌 지역의 사람들을 대상으로 연구를 진행한 것이며, 다환 방향족 탄화수소(PAH) 노출과 산화적 손상 사이의 관계를 조사하였다.

연구에서는 사람들의 소변을 분석하여 PAH 대사물과 산화 스트레스 지표를 측정하였는데, 결과는 매우 놀라웠다. 소변에서 검출된 PAH 대사물의 농도가 높을수록 DNA, RNA, 단백질의 산화적 손상도 같이 높아지는 상관관계가 밝혀진 것이다. 한마디로 PAH에 많이 노출된 사람일수록 DNA, RNA, 단백질의 산화적 손상도 많아진다는 뜻이며, 이 물질이 세포노화를 촉진하고 결과적으로 생물학적 노화에도 기여한다는 의미이다. 특히 담배를 태울 때 PAH가 발생하기 때문에, 흡연자들이 이에 더 많이 노출될 수 있음을 지적했다. 실제로 우리 주변에서도 장기간 흡연하는 사람들이 나이보다 더 늙어 보이는 경우를 흔하게 볼 수 있는데, 이에 대한 하나의 과학적 근거가 밝혀진 셈이다.

PAH의 정체

그럼 PAH가 무엇이길래 이런 피해가 발생하는 것일까? PAH는 1가지를 의미하는 것이 아니며, 매우 다양한 종류들이

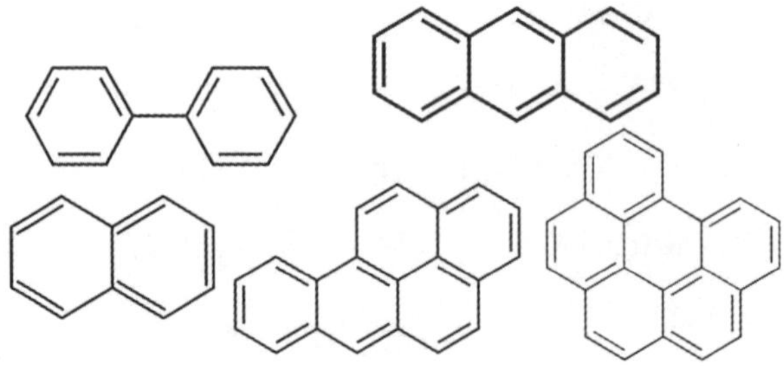

다환 방향족 탄화수소(PAH)의 예시들

존재한다. 그림에 나와있는 예시도 그저 다양한 PAH 중의 일부일 뿐이다. 이 PAH는 유기물이 불완전 연소할 때 발생하는 화학물질로, 탄 고기에서 발생하며 발암물질로 지적되었던 벤조피렌이 PAH의 대표적인 예시이다.

그럼 우리는 언제 PAH에 노출될까? PAH는 자동차 매연과 담배 연기에 포함돼 있으며, 이 외에 가장 흔하게 노출되는 경우는 바로 요리할 때이다. 고기를 구울 때면, 아무리 노력해도 불가피하게 탄 부분은 발생할 수밖에 없다. 미세하게라도 존재하는 탄 부위에는 반드시 PAH가 포함되어 있다. 문제는 단순히 PAH를 먹는 것에만 있는 것이 아니다. 고기를 굽는 과정에서 발생하는 연기에도 PAH가 섞여서 날아가게 되며, 요리하는 사람은 이를 그대로 들이마시게 된다.

고기뿐만 아니다. 프라이팬에 식용유를 두르고 각종 음식을 오랜 시간 고온에서 볶게 되면 역시나 PAH는 발생하게 되며, 공기 중으로 확산된다. 특히 식용유가 발연점에 도달할 정도로 오랜 시간 가열하면 더 많은 양의 PAH가 발생하게 된다. 한마디로 각종 구이나 볶음 등을 하게 되면 PAH를 먹는 양도 늘어나지만, 요리하는 사람은 들이마시는 양도 매우 많다는 것이다.

그럼 요리사의 건강 상태는 더 위험할까? 한 조사에 따르면 급식 조리사의 경우 10명 중 4명 꼴로 폐의 이상 소견을 받은 바 있다. 폐에 영향을 주는 것은 기본이며, 앞서 언급한대로 세포 노화까지 영향을 끼치게 된다는 것을 명심하기 바란다.

PAH 노출을 줄이는 방법

그럼 요리를 하지 않고 살아야 할까? 가급적 구이나 고온 볶음 요리보다는 뜨거운 물에 데쳐서 먹는 수준으로 조리하는 것이 바람직하다. 샐러드나 나물, 비빔밥 등이 그 대표적인 예시이다. 불가피하게 고온에서 오랜 시간 조리를 해야 하는 경우가 생기면, 반드시 공기 순환이 잘되도록 창문을 개방하는 등의 환기 대책을 마련한 상태에서 요리하기 바란다.

환경을 위해서라도 고기 섭취 역시 줄이는 것이 바람직하다. 그렇지만 오키나와 장수촌의 사례를 보듯이, 고기를 완전히 끊는 극단적 채식주의를 추구하기보다는 주로 삶아서 먹는 것이 좋다. 고기를 삶게 되면 PAH를 먹을 일도, PAH를 흡입할 일도 없다. 우리가 PAH로부터 완전히 자유로울 수는 없지만, 노출을 줄일 수 있는 방법을 실천하는 것이 중요하다는 것을 기억하기 바란다.

EAT-LANCET 식단이 정답이 아니라고?

완벽한 식단을 찾아서

각국 관계 전문가로 꾸려진 EAT-LANCET 위원회는 2019년 지속가능하고 건강한 미래를 위한 식단에 관한 보고서를 발표했다. 기후변화 등으로 갈수록 지구의 지속가능성이 위협받는 상황에서, 이를 해결하고 건강까지 책임질 수 있는 식단을 제시했기 때문에 전 세계적으로 큰 반향을 일으켰다. 이 위원회에서 제시한 EAT-LANCET 식단의 핵심은 다음과 같다. 동물성 식품을 줄이고, 식물성 식품을 늘리며 정제된 곡물보다는 정제되지 않은 통곡물을 더 많이 섭취하고, 설탕 등은 줄인다.

건강을 위해 식물성 음식을 더 많이 섭취하는 것을 강조하고 있는데, 이에 대해 반론을 제기하는 학자들도 있다. 동물성 음식을 많이 먹으면 정제된 탄수화물의 섭취를 줄일 수 있고, 돼지고기 등에 풍부한 미네랄과 몸에 유익한 올레산(oleic acid) 등을 많이 섭취할 수 있어서 더 유익하다고 주장하기도 한다. 물론 이들의 의견이

일리가 있는 것은 맞지만 이들의 주장에서는 크게 간과하고 있는 것이 있다. 육류를 그 자체의 성분만 보기 때문에 그저 단백질, 지방, 미네랄, 올레산 등이 풍부한 건강식품으로 보이게 되는 것이다.

우리는 육류를 육회처럼 그 자체로 섭취하거나 보쌈처럼 삶아서 먹는 경우도 있지만, 고온에서 굽거나 볶아서 먹는 경우가 더 많다. 육류를 고온에서 조리하다 보면, 불가피하게 탈 수밖에 없는데(정도의 차이만 있을 뿐 타는 부위는 반드시 발생한다), 이럴 경우 이미 살펴보았던 PAH(다환 방향족 탄화수소)나 HCA(헤테로사이클릭 아민) 같은 발암물질이 발생한다. 탄 고기에 발생하는 벤조피렌 정도는 먹어도 괜찮다고 주장하기도 하지만, 벤조피렌은 탄 고기에서 발생하는 수많은 PAH중의 한 종류일 뿐이다. 따라서 벤조피렌의 함량만 놓고 안전성을 논하는 것은 매우 위험한 생각이다. 즉, 육류 섭취의 증가는 상대적으로 이런 종류의 유해한 화학물질에 대한 노출이 증가하는 것을 의미하므로 식물성 음식을 더 많이 먹어야 하는 것은 자명하다.

EAT-LANCET 식단의 잠재된 위험성

필자 역시 이렇게 식물성 음식을 강조하는 EAT-LANCET 식단을 예찬하는 사람 중 한 명이다. 그렇지만 최근 EAT-LANCET 식단에 대해서 재고의 가능성을 논하는 연구 결과가 발표되어 이를 소개하고자 한다.

2024년 2월, 세계적인 학술지 *Environment International*에 「Adherence to the EAT-Lancet diet in relation to mortality and exposure to food contaminants in population-based cohorts of Swedish men and women」란 제목의 연구논문이 게재되었다. 내용을 요약하자면 EAT-LANCET 식단을 준수할수록 암을 제외한 모든 원인의 사망 및 심혈관 사망 위험이 감소된다는 사실이 밝혀졌다. 여기까지 결과만 놓고 보면, 식물성 음식의 위대함에 대해 의심할 필요가 없어지게 된다. 그런데 문제는 EAT-LANCET 식단을 준수할수록 식품 오염물질의 식이 노출도 증가하게 되었다는 사실이다.

구체적으로 카드뮴이나 메틸 수은과 같은 중금속, PCB와 농약 잔류물 등과 같은 유해물질에 대한 노출이 더 증가한다는 사실이 밝혀졌다. 실제 식약처에 따르면 우리나라 식품 중 카드뮴 노출 기여율 1위는 쌀이다(구체적으로는 백미이지만, 현미라고 다르지 않다는 것을 앞서 살펴보았다). 평균 카드뮴 오염도는 수산물이 더 높지만, 쌀의 섭취량 자체가 많기 때문에 노출 기여율은 1위인 것이다. 따라서 현미 같은 통곡물이 아무리 좋다 한들 많이 섭취하게 되면 그만큼 카드뮴이 더 몸에 쌓인다. 카드뮴은 인체에 유입되면, 잘 배출되지 않으면서 지속적으로 해를 끼치는 독성물질이다. 결국 이 연구의 골자는 EAT-LANCET 식단을 준수할수록 중금속에 대한 노출이 심화될 수 있다는 것이다.

그럼 납 측면에서는 어떨까? 표에 나와 있는 것처럼 2023년 조사

결과에서 돼지고기의 납 오염도는 평균 0.006 mg/kg(ppm)이었고, 닭고기는 평균 0.007 ppm이었다. 그런데 채소류의 경우에는 수박과 같은 일부 종류를 제외하고 대부분 축산물보다 수치가 높았으며, 10배가 넘는 경우도 있다.

이렇듯 중금속이나 PCB 및 농약 잔류물 등의 측면에서 살펴보면 EAT-LANCET 식단이 완벽하다고 말하기가 어려워진다. 그래서였을까? 이번 연구결과에서 또 다른 의미 있는 결과도 제시한다. EAT-LANCET 식단이 전 세계 사망률 1위인 암 사망률을 줄이는 명확한 연관성은 발견되지 않았다는 것이다. 완벽하다는 식물성 위주의 식단이 정작 암과는 상관이 없다니? 정말 완벽한 식단이라면, 심혈관 질환에 한정되지 않고 암 측면에서도 더 긍정적인 효과가 나타나야 맞는 것이 아닌가?

2023년 돼지고기/닭고기와 채소류의 중금속 납 오염도 비교

	2023년 납 오염도(mg/kg)				
돼지고기	0.006	들깻잎	0.038	배추	0.024
		고들빼기	0.037	양배추	0.013
		냉이	0.055	상추	0.015
		당귀잎	0.044	시금치	0.023
		케일	0.054	콩나물	0.008
닭고기	0.007	무청	0.044	파	0.0014
		고추	0.009	무	0.009
		더덕	0.013	당근	0.013
		도라지	0.077	양파	0.007
		인삼	0.043	수박	0.004
		오이	0.006	토마토	0.007

오키나와 장수촌의 지혜

이쯤 되면 '아 역시 암은 유전인가?'라는 생각이 들 수도 있다. 그렇다면 오키나와 장수촌의 노년층은 탁월한 유전자를 타고나서, 암 발생률도 낮고 장수촌의 명성을 누리게 된 것일까? 만약 특수 유전자를 갖고 태어났다면, 그 자손들 세대도 건강한 삶을 살아야 할 것이다. 그런데 불행히도 오키나와 장수촌의 명성은 후대로 갈수록 퇴색하고 있는 것이 현실이다. 오키나와 현이 개발되면서 패스트푸드점 등의 다양한 종류의 식당들이 생겼고, 식습관도 변하기 시작하면서 그 후손들의 각종 성인병 비율은 타지역에 비해 증가하는 추세로 변하였다. 그에 따라 실제 기대수명 역시 줄고 말았다. 이는 유전만으로 장수 비결을 설명할 수가 없다는 뜻이다.

그러나 오키나와 장수촌으로부터 다른 지혜를 배울 수 있다. 실제 이들은 EAT-LANCET을 예전부터 자연스레 실천하는 사람들이었음과 동시에, 전체적으로 먹는 양 자체가 적었다. 고기도 물론 섭취했지만 횟수가 많지 않았으며 먹더라도 삶아먹는 형태였다. 그리고 전체적으로 먹는 양이 적으니 앞서 언급한 중금속, PCB 등의 유해 화학물질에 대한 노출도 적었던 것이다. 식물성 식재료들이 중금속이나 PCB 등에 오염되었다고 하더라도, 먹는 양 자체가 적으면 우리 몸에 실제 유입되는 중금속의 절대치는 줄어들기 때문이다.

결론적으로, EAT-LANCET 식단이 암을 제외한 모든 종류의 사망원인을 줄여주는 것은 명확할 정도로 훌륭한 식단임은 분명하다. 그러나 소식이 뒷받침이 돼야 완벽해진다. 어떤 것도 많이 먹으면 몸에 해롭다는 것을 다시 한 번 일깨워주는 연구결과라고 할 수 있다.

☀ 당뇨병 환자의 간을 손상시키는 아크릴아마이드

대한민국의 당뇨병 환자는 약 600만 명이고, 당뇨병 전 단계가 약 1500만 명으로 알려져 있다. 대한민국의 인구가 약 5100만 명인 것을 감안하면, 당뇨병과 관련한 사람의 수치는 실로 놀라울 정도다. 당뇨병은 그 자체로도 위험하지만, 고혈압, 신장 질환, 심근경색증 및 뇌졸중 등 만성 합병증을 유발하기 때문에 더욱 위험한 질병으로 알려져 있다.

아크릴아마이드의 위험성

그런데 이 당뇨병과 관련되어 발표된 최근의 연구 성과가 주목을 받고 있다. 2024년 4월에 *Chem. Res. Toxicol.*라는 저널에 게재된 「Acrylamide-Aggregated Liver Injury by Activating Endoplasmic Reticulum Stress in Female Mice with Diabetes」라는 논문으로, 아크릴아마이드와 관한 연구였다. 해당

논문을 설명하기 전에 아크릴아마이드에 대한 설명이 필요하다. 포도당 및 과당과 같은 단당류가 아스파라긴(asparagine)이라는 아미노산과 120도 이상의 고온에서 만나면 아크릴아마이드가 생성된다.

아크릴아마이드를 함유한다고 해서 가장 먼저 이슈가 됐던 음식은 감자칩이었다. 이후 꾸준한 생성 저감화 조치를 통해, 최근 조사에서는 1 ppm 이하로 검출되었다. 아크릴아마이드의 독성이 어느 정도이길래 관계업종에서 저감화 조치까지 시행했던 것일까? 국제암연구소(IARC)에 따르면 아크릴아마이드는 인체 발암 추정물질로서 Group 2A로 분류되고 있다. 한마디로 인간에게는 발암 여부가 명확하지 않지만 동물에게는 발암성이 명확하다는 의미이다. 게다가 뉴런(신호를 전달하는 신경세포의 기본단위)에 독성이 있다고 알려져 있는 화학물질이다.

그렇기 때문에 우리나라에서도 안전 기준치를 두어 관리하고 있는데, 2021년 식약처에서는 영·유아용 식품, 시리얼류, 커피, 과자, 감자튀김, 고체형 당류, 곡류가공품 및 즉석 섭취 식품에 대한 아크릴아마이드 권장규격을 설정하고 있다. 뿐만 아니라 2022년에는 과자 제조업체를 대상으로 아크릴아마이드 저감화 기술을 지원하고 있다.

당뇨병과 아크릴아마이드

해당 논문의 골자는 아크릴아마이드를 가지고 진행하였던 동물실험을 정리한 것이다. 정상 마우스에 아크릴아마이드를 투여하자 간 손상이 유도되었다. 뿐만 아니라 당뇨병이 걸린 마우스에서는 간에서 더 심각한 염증성 세포 침윤을 확인했으며, 간세포 부피가 증가하는 현상을 보고하였다. 게다가 간의 포도당 및 지질 대사를 방해함으로써 결과적으로 당뇨병 마우스의 당뇨병 증상을 더 악화시키는 것을 발견하였다. 당뇨병 마우스의 간에서 산화 스트레스 및 염증도 유발하였으며, 일반 마우스보다 간 손상 위험이 더 높다는 사실을 보고해 충격을 안겨주었다. 특히 암컷 당뇨병 마우스의 경우, 아크릴아마이드가 간에 더 많은 손상을 유도한다는 사실이 확인되었다.

이 논문을 통해 아크릴아마이드의 독성이 당뇨병 환자에게 더 크게 나타난다는 것을 알 수 있었다. 그럼 우리가 아크릴아마이드를 피할 수 있는 방법에는 어떤 것이 있을까? 어느 음식을 섭취할 때 주의해야 하는 것일까? 앞서 언급한대로 이 물질은 아스파라긴과 포도당과 같은 단당류가 120도 이상의 고온에 노출될 때 발생하기 때문에, 커피, 감자튀김, 빵, 팝콘, 부침개 등에서 정도의 차이가 있지만 흔하게 발견된다(같은 감자튀김이라 하더라도 120도 이상의 고온에서 얼마만큼 노출되었는지에 따라 아크릴아마이드의 함유량은 달라진다).

아크릴아마이드의 잠재적 위험성

식약처에서 시중에 판매되는 식품의 아크릴아마이드 함유량을 관리하고 있고, 우리가 평소에 커피, 빵, 감자튀김 등을 통해 섭취하게 되는 아크릴아마이드의 양은 미미하기 때문에 괜찮다고 단정지을 수 있을까? 그렇지 않다. 식약처에서 정하는 기준은 아크릴아마이드의 단일독성을 기준으로 하고 있다. 아크릴아마이드를 동물에게 먹여서 나타나는 독성결과 등을 기준으로 하고 있는 것이지, 아크릴아마이드가 다른 여러 유해물질들과 함께 있을 때 나타나는 복합독성을 고려해서 정한 기준치가 아니라는 의미이다. 최근 학자들이 가장 관심을 기울이고 있는 부분이 이런 복합독성이다. 실제 다양한 분야에서 개별 농도는 기준치 이하여도, 여러 물질이 같이 있을 때는 낮은 농도라도 독성이 나타나는 복합독성 결과들이 속속들이 밝혀지고 있다.

그럼 어떻게 생활하는 것이 바람직한 것일까? 다른 주제들에서도 언급했듯이 최대한 정갈한 음식의 비중을 높여야 한다. 120℃ 이상의 고온에서 굽거나 볶는 것이 아닌, 자연 그대로 섭취하거나 열을 가해도 끓는 물에 데치는 수준으로 음식을 만든다면 아크릴아마이드는 걱정할 필요가 없으며, 그 외에 고온 조리에서 발생하는 각종 유해물질로부터도 자유로워질 수 있다. 100% 이렇게 식사하는 것이 불가능하겠지만, 이 사실을 알고 있는 것만으로도 충분히 평소 노출을 줄일 수 있을 것이다.

가공육 섭취가 췌장암의 지름길이라고?

가공육으로 인한 니트로사민

햄, 소시지, 베이컨 등과 같은 가공육을 피하고 살아가는 것이 가능할까? 매우 어려운 일이다. 이를 포기한다는 것은 피자, 햄버거, 파스타, 샌드위치, 핫도그 등을 포기한다는 것과 같은 말이다. 가공육은 그만큼 많은 음식에 널리 사용되고 있다. 건강하게 살기 위해서는 이런 가공육을 줄여야 한다는 말은 한 번쯤은 다들 들어봤을 것이다. 돼지고기, 소고기보다 가공육이 특히 더 나쁜 이유를 물으면 항상 따라다니는 용어가 있다. 바로 첨가물이란 용어인데, 가공육에 가장 널리 쓰이는 첨가물로는 아질산 나트륨($NaNO_2$)이 있다. 합법적인 첨가물이며, 아질산 나트륨 자체의 독성 역시 그리 크지 않다. 그런데도 왜 아질산 나트륨이 안 좋다고 얘기하는 것일까? 이는 니트로사민(nitrosamine) 때문이다.

아질산 나트륨이 아민(amine)과 약산성 조건에서 만나면 니트로사민(nitrosamine)이 형성된다. 일반적으로 가공육이 분해되면

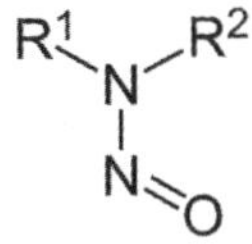

니트로사민의 화학 구조

서 아민이 생성되기 때문에, 아질산 나트륨은 체내에서 충분히 니트로사민으로 변환될 수 있는 것이다. 니트로사민에 대해서는 혈류를 타고 췌장까지 도달해서 문제를 일으킨다는 동물실험결과도 있으며, 암까지도 유발할 수 있는 발암물질로 알려져 있다. 이런 이유 때문에 가공육을 많이 섭취하면 몸에 해롭다는 말이 나오게 된 것이다.

마이크로시스틴과 아질산 나트륨

물론 이 사실을 반박하는 의견도 있다. 아질산 나트륨이 첨가된 양과, 실제 니트로사민이 형성되는 양을 고려했을 때 크게 우려하지 않아도 된다는 수준이라는 것이다.

이런 상황 속에서 새로운 연구결과가 공개되어 새로운 관점을 제시하고 있다. 2024년 6월 학술지 *Environment International*에 게재된 「Co-exposure of microcystin and nitrite enhanced spermatogenic disorders: The role of mtROS-mediated pyroptosis and apoptosis」라는 제목의 논문으로, 마이크로시스틴(microcystin)과 아질산 나트륨을 동시 노출시켜서 독성을 관찰한 연구논문이었다.

특히 마이크로시스틴 중에서 마이크로시스틴-류신 아르기닌

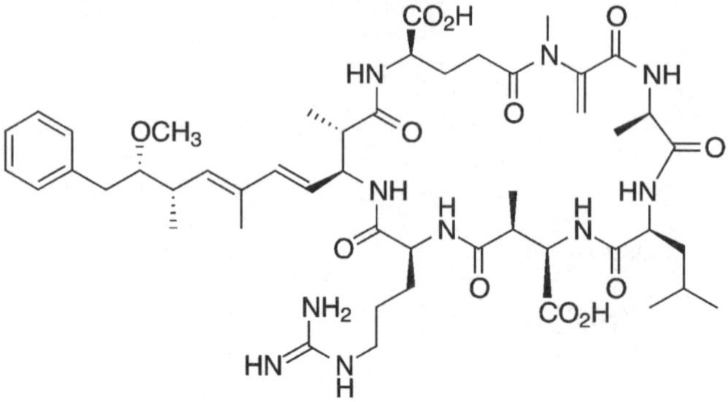

마이크로시스틴-류신 아르기닌(MC-LR)의 화학구조

(MC-LR)을 이용했는데, 이는 특정 조류(藻類)가 발생시키는 독소 물질이다. 마이크로시스틴은 강에서 주로 발생하기 때문에, 강물을 바로 음용하지 않는 이상 직접적으로 노출될 일은 없다고 생각할 수도 있다. 하지만 불행히도 그렇지가 않다. 2021년 *Journal of Biological Research-Thessaloniki*라는 저널에 Microcystin-RR와 microcystin-LR가 그리스 중부 마케도니아의 홍합(*M. galloprovincialis*)에서 처음 검출되었다고 발표되었다. 기후변화로 인한 부영양화 현상으로 해양 생태계에서도 마이크로시스틴이 검출이 된 것이다. 우리가 강물을 바로 마시지 않는다고 해서 노출을 피할 수 없다는 뜻이다.

그럼 해당 연구에서 마이크로시스틴과 아질산 나트륨을 동물에 동시에 노출시켰을 경우 어떤 일이 일어났을까? 먼저 마우스의 고환이 손상됐으며, 정자의 미토콘드리아가 손상됐고 정자 밀도가 감소하는 현상이 발생했다. 뿐만 아니라 생식시스템에 산화 스트레스까지 유도했으며, 결과적으로 생식 기능 장애가 증가하는 결과가 확인되었다. 이런 것들이 바로 복합독성의 대표적인 예시이다. 개별적으로는 독성이 없거나 크지 않은데, 이렇게 같이 존재할 경우, 기존의 독성이 커지거나 없던 독성이 새로이 나타나게 된다. 따라서 이번 연구를 통해 아질산 나트륨의 복합독성의 한 예시가 밝혀진 것이다. 마이크로시스틴 외에도 다른 독성물질과의 복합독성 연구는 지금도 진행 중이라는 사실을 기억하라. 단기간에 연구결과가 나올 수 없기 때문에, 관련된 복합독성이 모두 밝혀지려면 꽤 긴 시간이 걸릴 것이다.

복합독성에 유의하라

2012년 전 세계를 떠들썩하게 만들었던 연구결과를 다시 눈여겨볼 필요가 있다. 2012년 *British Journal of Cancer* 라는 저널에 발표된 「Red and processed meat consumption and risk of pancreatic cancer: meta-analysis of prospective studies」라는 제목의 연구결과로, 스웨덴 연구진이 하루에 소시지 1개 또는 베이컨 2조각 정도의 소량만 꾸준히 섭취해도 췌장암 발병 가능성이 높아진다는 상관관계를 밝혀냈다. 달랑 소시지 1개나 베이컨 2조각이 암 중에서 가장 무섭다는 췌장암의 발병 가능성을 높인다고 하여 해당 연구결과는 당시 전 세계적으로 큰 파장을 일으켰다. 어떻게 소시지 1개에 들어있는 아질산 나트륨 정도가 췌장암 발병률을 높일 수 있는지 많은 이들이 의아해하기도 하였었다. 당시 연구진은 메타연구를 통해 소시지/베이컨 등의 섭취량과 췌장암 발병률 상관관계를 밝혔는데, 해당 논문에서는 니트로사민만 언급하고 있었을 뿐이었다.

이제는 아질산 나트륨이 소량만 있어도 문제를 일으키는 이유가 쉽게 이해된다. 가공육은 그냥 먹는 경우는 많지 않고 대부분 구워서 먹는 경우가 많다. 이때 발생할 수 있는 PAH(다환 방향족 탄화수소)나 HCA(헤테로사이클릭 아민), 고기 내 잔류하는 각종 중금속이나 과불화화합물 사이의 잠재된 복합독성을 그때는 몰랐지만, 지금은 서서히 밝혀지고 있기 때문이다.

이런 복합독성을 고려했을 때, 기준치 이하로 관리되고 있다고 하더라도 아질산 나트륨이 들어간 가공육을 많이 섭취하는 나라는 높은 췌장암 발병률을 보일 것이다. 가공육 섭취량에 대해 국제 순위가 나온 자료는 없지만, 한 가지 확실한 건 미국은 가공육 섭취량이 매우 많은 나라인 것은 분명하다. 햄버거, 피자, 핫도그, 파스타, 샌드위치 등의 섭취량이 매우 많기 때문이다. 그럼 지금 미국은 어떤 상황에 처해 있을까? 2024년 췌장암 예상치가 나왔는데, 약 66,440명이 췌장암 진단을 받을 것으로 예상되며, 이로 인한 사망자는 약 51,750명에 이를 것으로 보고 있다. 이는 암 관련 사망 원인 중 3번째에 이를 정도인데, 문제는 미국의 췌장암 발병률이 연간 약 1%씩 증가추세에 있다는 점이다. 그리고 이로 인한 사망률도 연간 0.2%씩 증가 추세에 있어서, 미국 보건당국조차도 이를 심각하게 인식하고 있는 상황이다.

햄, 소시지, 베이컨 등의 가공육을 완전히 끊는 것이 현실적으로 어렵다면, 가급적 섭취량을 줄여나가기 바란다. 아질산 나트륨은 가공육의 보존제 역할을 하면서 산화를 방지하고 특유의 감칠맛을 부여하고 있어 업계에서 쉽게 포기하지 못하는 것이 현실이다. 아질산 나트륨의 다양한 대체재도 개발되고 있지만, 이미 익숙해진 아질산 나트륨을 대체할 수 있을 정도의 맛을 내고 있지는 못하고 있다. 하루 속히 이를 대신할 수 있는 대체재를 개발하는 것 역시 기대해볼 수 있는 해결책이다.

아세설팜칼륨이 염증성 장 질환을 유발한다고?

아스파탐과 자일리톨 논란

인공감미료 논란은 끊이지 않는다. 2023년에는 국제암연구소(IARC)에서 인공감미료 아스파탐을 2B군(발암가능 물질)으로 분류하면서 전 세계적으로 논란이 일었다. 물론 일반적인 섭취량은 괜찮다는 식으로 마무리되었지만, 많은 이들에게서 불안감이 완전히 지워지지 않은 것은 사실이었다. 그러다가 2024년 6월 *European Heart Journal*에 「Xylitol is prothrombotic and associated with cardiovascular risk」라는 논문이 게재됐는데, 저칼로리 설탕 대체제로 각광받던 자일리톨이 심장마비, 뇌졸중 또는 실혈관 관련 사망 위험 증가와 관련이 있다는 발표였다. 자일리톨은 무설탕 껌, 사탕, 제과류 등에 자연에서 발견되는 것보다 훨씬 더 높은 농도로 널리 쓰이고 있기 때문에 많은 사람들이 이 연구에 주목하였다. 연구 자체의 일부 문제점 등이 지적되기도 했지만, 설탕의 대체제로 사랑받던 천연 감미료 자일리톨이었기에 논란

자체가 많은 이들을 놀라게 한 것이다.

아세설팜칼륨에 대한 경고

아세설팜칼륨(acesulfame potassium)은 많은 이들이 즐겨 마시는 코카콜라 제로, 핫식스 제로, 몬스터에너지 제로, 밀키스 제로, 탐스 제로 등에 사용되는 인공감미료이다. 이 아세설팜칼륨 역시 논란을 피하지는 못했다. *Journal of Hazardous Materials* 2024년 6월호에 실린 연구결과로, 「Acesulfame potassium triggers inflammatory bowel disease via the inhabitation of focal adhesion pathway」라는 제목으로 게재 예정되었다. 연구팀은 마우스와 제브라피쉬라는 동물을 통해 아세설팜칼륨의 독성을 시험하였는데, 그 결과 장내의 대식세포 축적이 일어나고 장 점액 분비 억제 현상이 확인되었다. 결과적으로 염증성 장 질환(IBD)를 유발한다는 결과를 보고하였다.

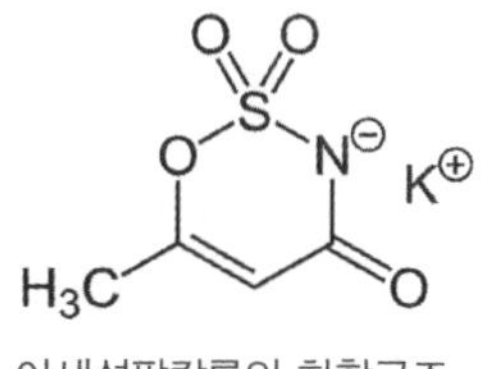

아세설팜칼륨의 화학구조

인공감미료 찬반 논란

이렇듯 인공감미료의 논란은 현재 진행형이며 어떤 결과가 계속 발표될지는 아무도 정확히 예상할 수 없다. 물론 이런 독성 결과들의 지속적인 보고에도 괜찮다고 주장하는 전문가들도 있다. 그 근거의 기반에는 FDA(미국 식품의약국)의 입장이 있다. FDA는 인공감미료별 권장 섭취량을 제시하면서, 그 이상 섭취하지 않는 이상 무해하다는 입장이다. 예를 들어 수크랄로스의 경우, 60 kg 성인 기준 일일섭취 허용량은 900 mg인데, 이는 제로 탄산음료 355 mL 캔을 하루 18캔 이상에 해당하는 것이다. 아스파탐의 경우는 하루 41캔을 먹어야 위험하다는 논리이다.

하지만 여기서 간과하면 안 되는 것이 있다. FDA 등이 주장하는 권장 섭취량은 독성결과가 지속적으로 밝혀질 경우 언제든지 바뀔 수 있다는 것이다. 또한 지금의 기준은 오로지 인공감미료 자체의 단일독성을 기준으로 설정되었다. 최근에는 여러 분야에서 복합독성이 활발히 연구되고 있기 때문에, 이런 인공감미료가 그 자체로서는 안전한 함유량이라고 하더라도 다른 물질과 같이 있을 때 일어날 수 있는 복합독성은 추후에 밝혀질 가능성이 높다. 복합독성에 대해서는 제대로 연구조차 되지 않았다는 것을 기억하자.

게다가 인공감미료의 간접 효과 역시 아직 명확히 드러나지 않았다. 단맛에 길들여질수록, 뇌의 보상 효과에 의해서 계속해서 단맛을 찾게 된다. 그렇게 되면 액상과당 등의 정제된 탄수화물 섭취량이 증가할 가능성도 있다. 이러한 간접적인 효과 역시 추후에 명확히 드러날 것이다. 결국 이런 제로음료를 소량 섭취하는 것은 크게 염려할 필요가 없겠지만, 물의 대용으로 섭취하는 등의 과한 음용은 반드시 조심해야할 것이다.

피해자는 우리인데, 가해자는 없다고?

2024년 초 『대한직업환경의학회지』에 게재된 논문에서 우리나라 국민 몸에서 프탈레이트류의 대사물질이 검출된다는 연구결과가 발표된 바 있다(해당 논문은 냉장고 속 플라스틱 용기 사용과 프탈레이트 검출의 상관관계를 조사했으며 책의 뒷부분에서 다시 한번 다룬다). 또한 2024년 4월에는 정부에서 '우리 국민의 프탈레이트류 노출량 및 위해 지수'를 발표한 바 있다.

우리 국민의 프탈레이트류 노출량 및 위해 지수

구분	DEP	DBP	BBP	DEHP	DNOP	DINP	DIDP
체내 총 노출량 (μg/kg b.w./day)	0.005	0.176	0.080	1.145	0.005	1.034	0.212
인체노출안전기준 (μg/kg b.w./day)	400	10	200	40	1,130	150	150
위해 지수	0.000	0.018	0.000	0.029	0.000	0.007	0.001

표에 나와 있는 것처럼 일상에서 많이 사용되고 있는 프탈레이트류 7종은 우리 몸에서 모두 검출되었는데, 특히 DEHP라는 프탈레이트는 1,145 μg/kg b.w./day가 측정됐으며, DINP는 1,034 μg/

kg b.w./day로서 다른 프탈레이트보다 더 많이 검출되었다. 물론 인체노출안전기준에 따르면, 해당 노출량은 위해 지수가 낮기 때문에 정부에서는 크게 우려할 필요가 없다는 입장이다. 하지만 정부가 말한 인체노출안전기준은 프탈레이트 자체의 단일독성을 기준으로 세운 기준이다. 프탈레이트가 다른 유해화학물질과 같이 존재할 때 나타날 수 있는 복합독성은 고려하지 않은 안전기준치이기 때문에, 추후에 나타날 수 있는 복합독성을 고려해서, 최대한 노출을 피하는 것이 좋다.

프탈레이트를 방출하는 범인은 누구인가?

이런 연구결과들을 통해서 우리 몸에서 환경호르몬인 프탈레이트류가 검출되는 것은 분명해졌다. 분명 우리는 피해를 입었는데, 그럼 누가 가해를 한 것일까? 정부는 해당 보도자료에서 성인의 경우 식품용 기구·용기에서 가공식품 등으로 이행되는 프탈레이트류에 노출되는 것으로 나타났다고 발표하였다. 하지만 이는 정확한 이유가 될 수 없다. 요새는 식품용 기구와 용기에서 프탈레이트를 사용하지 않기 때문이다. 프탈레이트가 가장 많이 사용되는 소재는 PVC라는 플라스틱인데, 최근에는 식품용 기구 및 용기에 PVC를 사용하지 않기 때문이다. 그럼 우리 몸에서 왜 프탈레이트가 검출되는 것일까?

가장 가능성이 높은 건 바로 PVC랩이다. 2024년 초에 시장에서 환경상의 이유로 퇴출하려고 계획했지만, 여러 가지 현실적인 이유를 들어 퇴출을 유야무야 미루고 있어서, 지금도 업소에서는 PVC 랩을 널리 사용하고 있다. PVC랩에 프탈레이트를 사용하면 불법일까?

정부의 프탈레이트류 관련 품목별 기준·규격

<table>
<tr><th>품목</th><th>종류</th><th>기준 및 규격</th><th>관련 규정</th></tr>
<tr><td rowspan="4">기구 및 용기·포장</td><td>DEHP</td><td>기구 및 용기·포장: 사용 금지</td><td rowspan="4">식품용 기구 및 용기·포장의 기준 규격</td></tr>
<tr><td>DEHA</td><td>랩: DEHA 사용 금지</td></tr>
<tr><td>DBP, BBP</td><td>영·유아용 기구 및 용기·포장: 사용 금지</td></tr>
<tr><td>DBP, BBP, DEHP, DNOP, DINP, DIDP, DEHA</td><td>PVC(단위: mg/L): DBP(0.3 이하), BBP(30 이하), DEHP(1.5 이하), DNOP(5 이하), DINP+DIDP(합계로 9 이하), DEHA(18 이하)</td></tr>
</table>

표를 보면 그렇지 않다는 것을 알 수 있다. 랩에 대해서 금지하고 있는 화학물질은 DEHA 뿐이다. PVC에 대해서는 기준치를 정해놓고 사용을 허가하고 있다. 물론 기준치가 엄격하기 때문에, 기준치를 지켜서 랩을 제조할 경우 그 기능을 제대로 발휘하기 어려울 수 있다. 그래서 랩에는 프탈레이트가 쓰이지 않을 것으로 생각할 수 있다. 하지만 기준치 내에서 소량 첨가해서 사용할 가능성을 배제할 수 없다. 프탈레이트 외 다른 가소제를 주로 사용하고, 사용감을 증가시키기 위해 프탈레이트를 기준치 내에서 소량 첨가해서 사용할 수도 있기 때문이다. 즉 랩에 프탈레이트가 무조건

안 들어갈 것으로 생각하는 것은 위험하다.

물론 국내 PVC 제조업체는 과거에 프탈레이트가 이슈가 된 이후로는 프탈레이트 가소제를 쓰지 않는다고 입장을 낸 바 있다. 그럼 화장품을 통해 우리 몸에 프탈레이트가 유입되고 있는 걸까? 하지만 화장품은 법에 의해서 모든 성분을 빠짐없이 기재해야 하는데, 프탈레이트가 함유된 화장품을 찾는 것은 최근에는 사실상 불가능하다. 그럼 왜 우리는 프탈레이트에 오염이 되는 것일까? 그 이유는 수입산 때문일 가능성이 매우 높다.

수입산 PVC랩 주의보

다음 논문은 이런 추정에 가능성을 부여한다. 2024년 *Toxics*라는 저널에 「Rapid Assessment of Di(2-ethylhexyl) Phthalate Migration from Consumer PVC products」라는 논문이 게재되었다. 실험실에서 제조한 PVC과 일반 마트에서 구매한 PVC 제품에 대해 비교하여 조사한 것으로, 연구진은 보호시트와 책 표지 롤로 사용되는 PVC 제품을 마트에서 구매해서 실험했으며, 37°C에서도 올리브 오일, 90% 에탄올 및 아세톤에 의해서 상당한 양의 DEHP라는 프탈레이트 가소제가 방출된다는 사실을 밝혀냈다.

게다가 전자레인지에서 15초 동안 가열한 샘플에서는 DEHP 방출이 증가한다는 사실을 알아냈는데, 더 충격적인 것은 지역 마트에서 구입한 PVC 필름이 실험실에서 제조한 것보다 더 많은 프탈레이트 가소제를 방출한다는 사실이었다. 국내업계에서는 프탈레이트를 쓰지 않는다고 했는데, 일반 마트에서 구매한 PVC 필름에서 이렇게 쉽게 프탈레이트가 방출되다니? 해당 논문에서는 구매한 PVC 필름이 국내산인지 수입산인지 밝히지 않았기 때문에, 논문에서 실험한 제품은 수입산일 가능성이 높다. 이렇게 프탈레이트가 함유된 수입산 PVC 필름이 국내에서 널리 유통되고 있듯이, 수입산 PVC랩이 국내에서 널리 유통되고 있다는 것은 쉽게 추측할 수 있다(당연히 프탈레이트가 들어간 수입산이 유통돼도 불법은 아니다). 무엇보다 수입산 중에서, 기준치를 준수한 PVC랩이나 기준치를 초과한 PVC랩이 얼마나 식당 등에서 널리 사용되고 있는지 전수조사조차 한 적이 없다는 것도 주지해야 할 현실이다.

이렇듯 우리가 접하게 되는 PVC랩이 국내산인지 수입산인지 알 수 없는 상황에서 우리는 어떻게 행동하는 것이 바람직할까? PVC랩에서 프탈레이트가 용출되려면 가열되거나 기름(또는 지방)에 녹아야 한다. 만약 짬뽕같이 뜨거운 음식을 배달시킬 경우 PVC랩으로 포장돼서 오기 때문에, 이런 뜨거운 음식은 배달보다는 직접 가서 섭취하는 것이 바람직하다. 마트에서는 고기를 포장할 때도 사용하기 때문에, 고기가 아무리 차갑다 하더라도 지방이 많은 고기에 오랜 시간 붙어있을 경우 프탈레이트 가소제가 용출될 수 있다는 점을 명심해야 한다. 그래서 구매한 고기를 집으로 가져올 경우, 바로 가정용 랩으로 교체해서 포장한 뒤 냉장고에 보관하는

것이 바람직하다. 가정용 랩은 대부분 PVC가 아닌 폴리에틸렌을 사용하기 때문이다

우리 몸에서 프탈레이트가 검출되는 상황에서 정부는 여러 전수조사를 통해 프탈레이트 노출 원인를 명확히 규명하기를 촉구한다. 국민이 환경호르몬인 프탈레이트에 최대한 노출되지 않도록 정부의 기능을 다해야 할 것이다.

유럽에서는 금지됐는데, 우리나라 사람은 먹게 되는 농약이 있다고?

2020년 12월 EU(유럽연합)의 식물·동물·식품·사료 상임위원회에서는 농약으로 널리 사용하고 있는 만코제브(Mancozeb)의 재등록을 허가하지 않는다고 발표하였다. 결과적으로 2021년 1월 4일을 기준으로 EU는 더 이상 만코제브를 농약 성분으로 승인하지 않았으며, EU 회원국들 역시 이 지침을 따랐다. 이미 생산하거나 구매한 재고에 대해서는 2022년 1월 4일까지 유예기간을 두었고, 이 날짜 이후로 이 만코제브는 EU에서 완전 퇴출하게 된다.

만코제브의 독성

도대체 이 만코제브가 뭐길래 퇴출까지 결정하게 됐던 것일까? 만코제브는 곰팡이 번식을 막는 데 매우 탁월한 효과를 보이기 때문에 농업 분야에서 널리 쓰여왔던 농약이다. 그러

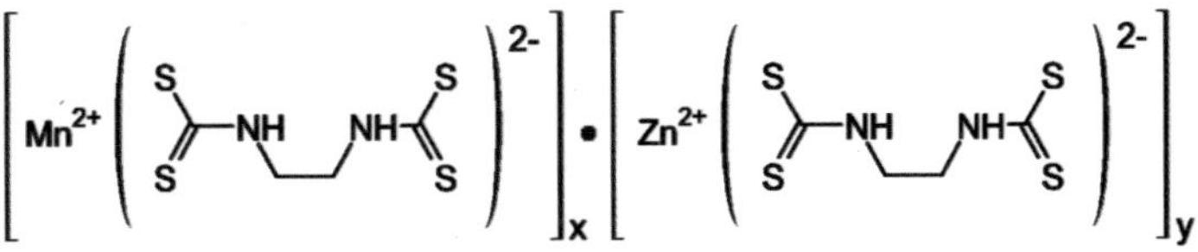

농약 만코제브(Mancozeb)의 화학구조

나 독성에 대한 연구결과들이 하나씩 쌓이면서 결국 EU에서 퇴출된 것이다. 만코제브는 그 자체로서는 큰 문제가 없었지만, 대사산물이 갑상선암 등과 같은 암을 유발할 수 있다는 의심쩍은 결과들이 나오고 있고, 이 대사산물이 내분비계 교란까지 유발할 수 있다는 결과까지 발표되자 결국 금지 조치된 것으로 보인다. 게다가 이를 사용하는 작업자들은 더더욱 많은 양의 만코제브에 노출되기 때문에, 그들의 건강을 생각해서 강력한 조치가 취해진 것으로 풀이된다.

미국에서의 퇴출 논의

미국에서는 만코제브에 대해 어떤 입장을 취하고 있을까? 미국 역시 종전까지는 만코제브의 사용을 허용해왔지만, EU의 금지 결정 이후 미국 환경보호국(EPA)에서도 만코제브에 대해 사용 중단을 제안하였다. 결국 2024년 9월 16일까지 등록검토 결정(PID)에 대한 공개 의견을 수렴한 뒤, 최종 결정을 할 것으로 확인되었다. 만약 미국에서 최종적으로 사용을 금지할 경우, EU

처럼 재고 사용 유예 기간을 2~3년 준 뒤, 시장에서 완전 퇴출할 것으로 예상된다.

우리나라의 만코제브 현황과 대비책

이런 세계적 흐름에서 우리나라는 어떤 상황일까? 2025년 현재 우리나라에서는 만코제브를 사용하는 것이 불법이 아니며, 연간 생산량만 관리하고 있다. 이를 규제하고자 하는 논의조차 아직 이뤄지지 않고 있다.

우리나라 농업분야에서는 주로 어디에서 만코제브를 사용하고 있을까? 다양한 분야에서 사용되고 있지만, 대표적으로 감귤, 인삼, 사과 등의 재배에서이다. 그렇다면 이러한 농산물을 먹지 말아야 하는 걸까? EU에서는 이미 금지됐고, 미국도 2~3년 뒤에 완전 퇴출될 것으로 유력하며, 그때 가서 우리나라에서 금지 논의를 하더라도 그때까지 만코제브에 노출된 사람들은 피해를 입을 수 있으니 말이다. 게다가 최근 스웨덴의 연구결과를 보면, 성인의 혈액에서 다양한 농약이 검출이 되었으며, 이 농약들이 인체에서 발견되는 수준의 낮은 농도에서도 다른 유해화학물질과 같이 있을 경우, 독성이 발현된다고 하니 더욱 조심스러워진다.

이런 상황에서 우리는 어떻게 대처하는 것이 바람직할까? 우리나라 정부가 규제를 시작할 때까지 기다려야 할까? 그것보다는 해당 농약을 먹을 가능성을 최소화하는 것이 바람직하다. 만코제브는 비침투성 살균제로 분류되기 때문에, 과육보다는 주로 껍질에 잔존한다. 따라서 해당 농산물을 섭취할 때는 가급적 껍질을 벗겨서 먹거나, 유기농 인증을 받은 농산물을 구매하는 것이 좋겠다(만코제브를 사용할 경우 유기농 인증을 받을 수 없다). 그리고 베이킹 소다나 잔류농약 전용 세척제 등을 활용해서 잔류농약을 최대한 제거하는 것도 한 방법이다. 농약은 애초에 먹으라고 만든 것이 아님을 꼭 기억하기 바란다.

김장매트에서 유해물질이 나올 수 있다고?

김장은 우리나라의 전통문화이다. 김장을 하면서 가족이 맛있게 먹는 상상을 하기도 하며, 옹기종기 모여서 김장을 하다 보면 관계도 돈독해질 뿐만 아니라 스트레스도 날릴 수 있는 장점도 있다. 이렇게 즐거운 음식문화인 김장을 할 때 주의해야할 점은 없을까? 다음 두 가지 사항을 주의하는 것을 권하는 바이다.

고무 대야, 괜찮은 걸까?

먼저 고무 대야의 사용이다. 고무 대야는 다들 한 번씩은 봤을 정도로 매우 흔하게 사용되는 용기이다. 스테인리스 대야에 김장을 하고 싶어도 대용량의 스테인리스 소재는 구하기가 어렵고, 따라서 저렴하면서 많은 양을 한 번에 담글 수 있는 고무 대야가 지금까지 널리 사용되고 있다. 그런데 김장뿐만 아니라 음식을 담는 용도로 고무 대야를 사용하고자 한다면 반드시 식품용

김장에 흔히 이용되는 고무 대야

임을 확인하는 것이 좋다.

식품용이 아닌 고무 대야는 주된 소재가 PVC일 확률이 높으며, 재활용된 플라스틱이 흔하게 이용된다. 제조업체에서는 PVC 및 재활용된 플라스틱을 공정에 사용하며, 적색 염료를 넣어서 제조한다. 따라서 이 용기에 김장을 할 경우, 재활용된 플라스틱에 잔류하고 있을 가능성이 높은 각종 중금속류, 그리고 PVC에 존재하는 가소제에 노출될 가능성이 높다. 환경호르몬인 프탈레이트 가소제는 사용가능한 합법 첨가제이기 때문에(일부 종류는 금지돼 있음. 프탈레이트 가소제는 기준치만 지키면 사용가능한 첨가제임) 이런 유해 가소제에 노출될 가능성도 있다. ATBC와 같이 친환경이라 안전하다는 가소제가 역시 최근에는 유해성이 밝혀지고 있기 때문에, 먹으라고 만든 것이 아니라면 절대 섭취하지 않아야 한다.

그래서 집에 비식품용 고무 대야를 갖고 있다면, 그냥 수납용으로만 사용하는 것이 바람직하며 절대 음식은 담지 않기 바란다.

김장 매트, 괜찮은 걸까?

최근에 유행하고 있는 김장 매트는 어떨까? 김장매트는 식재료와 양념 등을 넓게 펼쳐 놓고 작업하기 편하며, 음식물이 잘 묻지 않아 세척하기도 용이하다. 쉽게 접히기 때문에 보관도 용이하여 많은 식당과 가정에서 김장 시 애용된다.

김장 매트의 겉면을 보면, 그냥 PE 혹은 PE/타포린이라고 적혀 있는 경우가 많다. PE는 폴리에틸렌으로, 생활 속에서 다양하게 볼 수 있는 소재이기 때문에 익숙하지만, 타포린은 다소 생소하다. 타

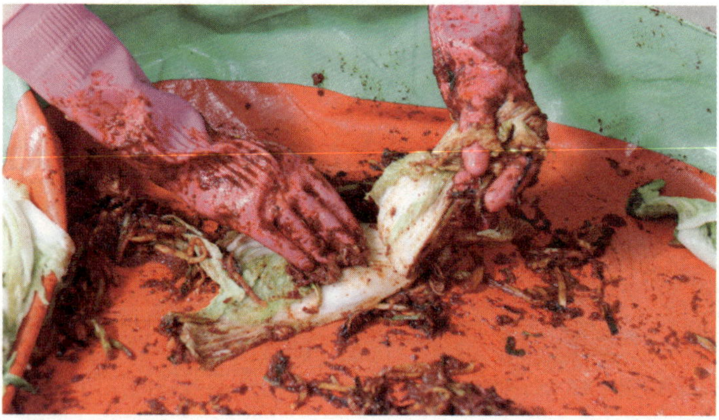

최근의 대세가 되고 있는 김장 매트

포린은 물이나 양념 등이 베어 들지 않도록 하는 코팅 소재의 일종이다. 주로 타포린은 PE 계열의 타포린과 PVC 계열의 타포린으로 구분된다. 만약 제품 겉면에 PE라고만 적혀 있을 경우, PE 원단을 기반으로 그 위에 PE 타포린이 코팅된 것이며, PE/타포린이라고 적혀 있으면 PE 기반에 PVC 타포린이 코팅되어 있을 가능성이 있다. 물론 가능성을 제시하는 것이며, 정확한 정보는 해당 회사에 어떤 종류의 타포린이 코팅돼 있는지 문의하면 얻을 수 있을 것이다.

만약 PE 타포린이 사용되었다면 환경호르몬이나 중금속과 같은 유해 화학물질이 나오는 것은 아니지만 미세플라스틱은 주의가 필요하다. 사용 초기에 다량 발생하는 것은 아니지만, 오랫동안 사용하다 보면 분해 현상을 피할 수 없다. 지속적으로 김장을 할 경우, 잦은 마찰로 인해 미세플라스틱이 발생할 가능성이 높아지게 된다. 따라서 PE 타포린이 쓰였다면 주기적으로 교체해서 사용하는 것이 바람직한데, 적어도 해가 바뀌면 새로이 구매하는 것을 추천한다.

PVC 타포린이 쓰였다면 무엇을 유의해야 할까? PVC에는 앞서 언급한 것처럼 가소제가 사용되기 때문에, 김장을 할 경우 가소제가 음식물로 용출될 가능성이 있다. 게다가 대다수의 제품들이 양면 코팅돼 있기 때문에, 음식물에 PVC 타포린이 직접 닿게 된다. 이 상황에서 미세플라스틱까지 발생할 경우, 가소제를 섭취하는 양은 더더욱 늘어날 수밖에 없다. 따라서 해당 제품에 어떤 타포린이 쓰였는지 확인하는 것이 바람직하고, 업체도 가급적 점진적으로 PE 타포린으로 전환하는 것이 중요하겠다.

화학교수는 만두 포장을 하지 않는다고?

2024년 10월 학술지 *Chemosphere*에 「Sorption of PFOS onto polystyrene microplastics potentiates synergistic toxic effects during zebrafish embryogenesis and neurodevelopment」라는 제목의 논문이 실렸다. 인도와 뉴질랜드 연구진들이 미세플라스틱과 과불화화합물(PFAS)의 복합독성에 초점을 두고 진행한 연구로, 시뮬레이션(MDS)을 통해 폴리스타이렌 미세플라스틱(PS-MP)이 과불화화합물 중 PFOS의 흡착제가 될 수 있다는 것을 밝혀냈다. 한마디로 PS-MP와 PFOS가 결합할 수 있기에, 이에 대한 복합독성을 연구하는 것이 바람직하다는 뜻이다. 연구진은 제브라피쉬라는 어류에 대해 PS-MP와 PFOS의 복합노출 시 독성을 조사했는데, 그 연구결과는 충격적이었다. PFOS 자체가 원래 독성이 있는데, PS-MP가 PFOS의 독성을 더욱 악화시켰다는 것이 밝혀졌다. 발달지연, 높은 사망률, 산화적 스트레스 증가, 행동 변화 등 PS-MP와 PFOS의 복합독성이 구체적으로 확인되었다.

그러면 최대한 PS-MP와 PFOS에 노출되지 않아야겠다고 생각할

일회용 포장 용기와 컵라면 용기

것이다. 우리는 언제 PS-MP에 노출될까? 다양한 경로가 있지만, 직접적으로 노출되는 첫 번째 경로는 일회용 도시락 용기이다. 이런 도시락 용기는 단열효과가 좋기 때문에 일반적으로 만두 등을 포장할 때 널리 사용된다. 만두는 따뜻할 때 먹어야 제 맛이므로, 그 포장에 널리 사용되는 것은 그리 이상할 것이 없다. 그런데 스티로폼 느낌이 나는 이 소재의 정체가 발포 폴리스타이렌이다. 그래서 음식물이 닿으면서 긁히는 과정에서 폴리스타이렌 미세플라스틱, 즉 PS-MP가 발생할 수 있다. 본의 아니게 PS-MP를 섭취하게 되는 셈이다. 따라서 만두 등의 음식은 매장에 직접 가서 먹는 것이 바람직하고, 포장하더라도 다른 용기를 활용하는 것이 좋다.

그 다음으로 노출되기 쉬운 예는 컵라면 용기이다. 종이를 기반으로 폴리에틸렌이 안쪽에 코팅된 컵라면도 많지만, 여전히 발포 폴리스타이렌을 기반으로 한 용기도 사용되고 있다. 이런 용기에 담긴 라면을 먹을 때, 젓가락 등으로 내부 표면을 긁게 되면 당연히 PS-MP가 발생할 수 있으므로 주의해야 한다. 용기가 바뀔 경우

맛도 변하기 때문에, 그에 맞는 레시피를 다시 개발해야 하는 어려움이 있어 업체들은 이런 용기들을 쉽게 교체하지 못 하고 있다.

그럼 PFOS에는 언제 노출이 될까? 정부에서 진행한 조사에 따르면, 과불화화합물(PFAS)에 노출되는 경로의 90%는 식품인 것으로 밝혀졌다. 즉, 인체에서 검출되는 과불화화합물의 90% 이상이 식품으로부터 넘어왔다는 것이다. PFAS 중 PFOS만을 모니터링했을 때(2014년~2019년), 수산물에서 무려 90%에 육박하는 검출률을 보였으며, 오염도도 농산물 대비 약 30배 이상 높은 것으로 밝혀졌다. 물론 당시에는 PFOA/PFOS의 체내 총 노출량이 2020년에 재평가된 인체노출안전기준 대비 안전한 수준이라고 밝히며, 별다른 조치 없이 마무리되었다.

하지만 당시 정부가 말한 안전하다라는 기준은 엄연히 과불화화합물 자체만 놓고 판단한 단일독성 기준이다. 다양한 경우의 수, 즉 여러 화학물질이 같이 있을 때 나타나는 복합독성 기준이 아니라는 것이다. 앞서 소개한 논문만 봐도 PFOS의 독성이 PS-MP로 인해서 더 강화되는 것이 밝혀지지 않았는가! 이런 복합독성 결과들이 쌓이고 쌓이게 되면, 결국 추후에 이 안전 기준치도 바뀌게 될 것이다. 실제로 안전 기준치가 시간에 따라서 바뀌는 사례는 전 세계적으로도 매우 많다.

따라서 먹으라고 만든 것이 아니면 먹지 않도록 하자. 이런 용기들 역시 먹으라고 만든 것이 아니므로, 해당 용기를 사용하는 중에 미세플라스틱의 형태로 섭취하지 않도록 주의해야 할 것이다. 항상 PS-MP에 노출될 가능성을 염두해두고, 이런 용기들의 사용을 점차 줄이는 등 평소 생활습관을 교정하는 것이 바람직하다. 또 PFOS와 같은 과불화화합물은 수산물에 많기 때문에, 수산물을 너무 과다하게 섭취하지 않도록 주의하는 것이 바람직하겠다. 수산물이 이런 과불화화합물에 오염돼 가는 것은 폐수 등으로 인한 해양오염의 결과로, 공연한 분노를 어업 종사자나 수산물 자체에 돌리지는 말아야 할 것을 당부한다.

미세먼지와 미세플라스틱

3

우리는 언제 납에 노출되는가?

납(Pb)은 전 세계적으로 국가 차원에서 관리되는 중금속이다. 인간에게 미치는 악영향 때문인데, 심지어 로마제국이 이 납 때문에 멸망했다는 주장하는 일부 역사가가 있을 정도이다. 잦은 전쟁으로 인한 재정문제, 황제 암살 등의 정치적 불안, 용병에 의존한 군대 등이 로마의 멸망 원인으로 꼽히고 있지만, 그 이면에는 납의 영향이 있다는 소문이다. 실제 로마에서는 납을 가지고 배수관을 만들었고, 식기도 납을 이용해 제작했을 뿐만 아니라 포도주의 맛을 좋게 하기 위해서 납(아세트산 납, 연당이라고 불렸다)을 넣어서 마셨다는 기록이 있다. 특히 배수관이 납이었기 때문에, 일상적으로 마시는 물에 늘 납 성분이 있었을 테니, 당시 로마인들이 얼마나 쉽게 납에 중독되었을지 짐작이 간다. 납에 중독되면 육체적으로 쇠약해질뿐더러 신경계통도 영향을 받기 때문에 당시 지배층이던 로마귀족들이 현명한 판단을 하기 어려웠을 것으로 추정하는 것이다. 실제로 납이 얼마나 로마에 영향을 미쳤는지는 현재로서는 알 방법이 없으나, 납이 위험한 중금속인 것은 분명하기 때문에 황당하기만 한 주장은 아니다.

미국에서는 납의 위험성 때문에 질병통제예방센터(CDC)에서 정기적으로 어린이의 혈중 납 수치(BLL)를 조사하고 있다. 헌데 최근 BLL이 상승하고 있는 어린이의 수가 50만명 이상이라고 밝힌 바 있어 큰 파장이 일기도 했다.

납의 위험성

그럼 실제 납의 위험성은 어느 정도일까? 성인이 납에 중독되면 고혈압을 일으킬 수도 있으며, 기억력 및 집중력 저하를 일으킬 뿐만 아니라 정자 수 감소와 비정상적인 정자를 유발할 수 있다. 그동안 나트륨(Na)이 고혈압의 주 원인으로 알려져 있었는데, 납도 영향을 끼치는 것이다. 물론 납과 고혈압의 상관관계에 대해서는 연구결과마다 다소 입장이 갈리고 있지만, 다른 위험성 때문에라도 불필요한 노출은 피해야 한다는 것은 분명하다. 그리고 치매는 아니지만 기억력 저하를 호소하는 노인분들이 많은데, 이에 대한 원인이 납이 될 수 있다는 것도 향후 고려할 필요가 있다.

그렇다면 어린이의 경우는 어떨까? 어린이가 납에 중독될 경우 발달지연 및 체중감량 현상이 나타날 수 있고, ADHD(주의력결핍과잉행동장애)를 유발할 수 있다. 그리고 신생아의 경우 납에 중독될 경우 저체중과 성장 지연 현상이 나타날 수 있다. 이런 위험성을 보면 많은 나라에서 납 수치를 관리하는 지 이해가 될 것이다.

노출 원인: 페인트와 수도꼭지

납에 대한 노출을 최소화해야 하는 이유는 자명하니, 그 노출 원인에 대해서 알아야 피할 수 있을 것이다. 첫 번째 원인은 페인트이다. 백색 안료에 납이 활용되는데, 이 백색 안료를 통해 페인트 전체의 색상을 밝고 선명하게 만들 수 있기 때문이다. 처음에 발라진 페인트에는 문제가 없지만, 오랜 시간이 지나면 고분자 조직이 분해되면서 손으로 문질렀을 때 페인트가 가루 형태로 떨어져 나오기도 한다. 이 시점부터는 서서히 벽에 묻어 있던 페인트가 가루 형태로 공기 중으로도 분산될 수 있는데, 이를 흡입할 경우 납이 체내로 유입될 수 있다. 따라서 페인트가 칠해져 있는 가정집이나 사무실의 경우, 가루가 발생할 정도의 시점이 되면 벽지를 새로

오래된 페인트는 열화되면서 가루로 떨어진다.

붙이거나 페인트칠을 다시 해주는 것이 매우 중요하다.

두 번째 원인은 수도꼭지이다. 실제 수도꼭지에 물을 흘린 뒤, 물의 성분분석을 진행하자 납 성분이 검출된 실험결과도 있었다. 물론 기준치 이하여서 크게 문제삼을 내용은 아니었지만, 납이 검출된 사실만으로 많은 이들이 우려한 것은 사실이었다. 하지만 요새는 스테인리스 소재로 수도꼭지를 대부분 만들기 때문에, 아주 오래된 수도꼭지가 아니라면, 평소 수도꼭지를 통해 나오는 물에 대해서 크게 걱정할 필요가 없다. 그런데 문제는 배수관이다. 혹시라도 배수관에 납땜이 돼 있다면, 이를 통해 납이 물 안으로 용출돼 나올 수 있는 가능성도 있기 때문이다. 따라서 여러분의 집 안으로 들어오는 물의 납 잔류 여부를 파악하고자 한다면, 지자체 상수도사업부에 연락해서 직접 수질 검사를 받아보는 것을 적극 추천한다.

노출 원인: 장난감과 미세먼지

세 번째 노출 가능성은 장난감이다. 아이들이 갖고 노는 장난감의 경우 다양한 염료가 사용되는데, 페인트에서 납이 사용되는 것과 같은 이유로 납이 활용된다. 즉 색을 더 선명하고 밝게 하기 위해서 많은 제조회사에서 사용하는 것이다. 정부에서도 기준치를 설정하고 관리하고 있으며, 납을 사용하는 것 자체는 불법이 아니다. 또 아이들이 장난감을 갖고 노는 초기에는 크게 신경 쓸 필요가 없다. 그러나 장난감이 오래돼서 노후화되면 조직이 약해지는데, 이럴 때면 마찰에 의해서 납 성분이 손으로 옮겨올 수 있게 된다(미세플라스틱이 생길 수 있는 것은 덤이다). 이 상태에서 아이가 무언가를 집어먹게 되면 결국 납 성분이 체내에 유입되게 되는 것이니, 장난감을 가지고 논 뒤에는 반드시 손을 씻도록 교육하는 것이 매우 중요하다.

네 번째 노출 가능성은 미세먼지이다. 미세먼지를 분석하면 납과 같은 중금속이 쉽게 검출된다. 쓰레기 처리장에서 온갖 쓰레기를 소각할 때, 제대로 다 거르지 못하는 것들은 대기 중으로 빠져나가게 된다. 당연히 납 성분이 포함된 쓰레기를 소각하면 이들이 대기 중으로 유입된다. 이때 미세먼지에 묻어서 먼 곳까지 퍼지므로, 중국이든 국내이든 소각하는 과정을 통해 배출된 납이 우리 몸 속으로 유입되는 셈이다. 미세먼지는 쉽게 해결할 수 있는 문제가 아니기 때문에, 자체적으로 조심하는 방법밖에 없다. 주로 실내에서 일하는 사람들은 공기 청정기 등의 도움을 받기 때문에 미세먼지 수치가 높은 날에 상대적으로 위험성이 낮지만, 실외에서 일하는 노동자들의 경우 하루 종일 이런 중금속을 들이마시는 격이기 때문에 상대적으로 더 취약하다고 볼 수 있다. 따라서 야외에서 일하는 노동자의 경우 더더욱 규격에 맞는 마스크 착용에 더 신경 쓰는 것이 납의 노출을 최소화하는 방법이다.

노출 원인: 수산물

마지막 납 노출의 주된 원인은 수산물이다. 식약처의 2017년 연구보고서에 따르면 수산물의 평균 납오염도는 0.082 mg/kg이었는데, 이 수치는 축산물 내 납 오염도의 20배 이상이었다. 상대적으로 높은 농도 때문에 정부에서도 각 수산물별로 납 기준치를 마련하고 관리/감독을 하고 있다. 하지만 꼭 명심해야 될 것이 있다. 농도는 농도일 뿐, 절대치가 아니라는 뜻이다. 예를 들어, 평균 납 오염도 0.29 mg/kg인 조미김을 매일 3봉지 섭취하는 사람이 평균 납 오염도 0.35 mg/kg인 조미김을 매일 1봉지 섭취하는 사람보다 실제 몸에 유입되는 납의 양이 많다는 뜻이다. 정부가 제시한 기준치는 사람들의 일반적인 평균 섭취량을 기준으로 정했기 때문에, 기준치 이하인 안전한 식품이라 하더라도 평균적인 섭취량 이상으로 과한 섭취를 하면 인체에 해를 끼칠 수 있다. 따라서 이런 수치를 기준으로 수산물을 적정량만 섭취한다면 몸에 유입되는 중금속 납의 절대치를 줄일 수 있다.

중금속으로부터 온전히 자유로울 수 있는 방법은 없다. 숨만 쉬어도 미세먼지를 통해서 납이 유입되기 때문이다. 결국 앞서 제시한 각종 가능성을 늘 인식하면서 납에 노출될 가능성을 최소화하는 것이 가장 현실적인 방법이다.

공기청정기 속 카본필터 분해에 의한 미세입자 발생 논란

최근 환경 이슈의 대표용어는 바로 미세플라스틱과 미세먼지이다. 미세플라스틱의 경우 위암과의 연관성 등이 밝혀져서(예: PS 미세플라스틱) 많은 이들이 공포심을 갖게 됐고, 미세먼지는 그 안의 중금속 때문에 특히 더 많은 우려를 표하고 있는 상황이다. 특히 미세먼지는 항상 우리가 숨을 쉬고 있기 때문에 더더욱 민감할 수밖에 없는 문제이다. 그나마 실내에 있으면 공기청정기의 도움을 받을 수 있어 작은 위안을 얻고 있다.

그런데 공기청정기 안에 설치된 카본필터가 문제를 일으킬 수 있다는 소문이 많다. 소문의 핵심은 공기청정기나 에어컨에 장착된 카본필터 내 활성탄(activated carbon)이 시간이 흐르면서 분해되기 때문에, 분해된 입자들이 공기 중으로 퍼져서 결국 이를 흡입하는 우리에게 독성을 일으킨다는 것이다. 만약 이게 사실이라면, 심한 미세먼지를 피해 실내에서 머무르는 것이 되려 더 몸에 해로울 수도 있는 것이다. 실제 비슷한 어감의 물질인 카본 블랙(carbon black)은 폐질환을 일으킬 수도 있다고 알려져 있기 때문에, 활성탄이 사용되는 카본필터 역시 충분히 우려될 수 있는 상황이다. 그럼 과연 이 소문이 사실인지 아닌지를 같이 살펴보도록 하자.

활성탄의 실체

먼저 활성탄은 대부분 탄소질로 구성된 물질로, 대표적인 다공성 물질이다. 이를 제조하기 위해서는 목탄, 코코넛 껍질 등을 이용하는데, 이 재료들을 탄화시킨 후 활성화해서 정제하는 방식이 가장 대표적이다. 이런 방식으로 제조된 활성탄은 1000~3000 m^2/g에 이를 정도로 내부 비표면적이 매우 큰데, 이는 목탄의 최대 7배 정도에 해당하는 수치이다. 이렇게 비표면적이 매우 넓으니 흡착능이 매우 우수해서 다양한 용도의 흡착제나 지하수 정화 및 가스 정제용 등으로 활용되고 있다. 대표적으로 공기청정기에 적용되어 실내 공기 중 휘발성 유기화합물(VOC)이나 각종 불쾌한 냄새를 일으키는 가스 형태의 이물질을 제거하는 데 활용되므로, 실내 공기 정화에 혁혁한 공을 세우고 있는 소재이다. 다만 특성상 가스보다 큰 입자를 제거하는 데는 효과적이지 않아서, 일반적으로는 헤파(HEPA) 필터와 같은 다른 필터와 같이 사용되고 있다.

필터 교체 주기의 중요성

카본필터 속 활성탄은 공기청정기와 에어컨 속에서 분해되어 결국 미세가루가 되어 공기 중으로 날라갈까? 일반적으로 활성탄은 미세분말 형태이다. 이 분말을 바로 필터로 활용하는 것이 아니고, 필터 섬유나 플라스틱 지지체 등에 바인더(binder) 등을 이용해 결합시키는 방식이 가장 일반적이다. 만약 미세분말 형태로 바로 활용한다면, 공기청정기이든 에어컨이든 틀자마자 눈에 보일 정도의 미세한 검은 가루가 휘날릴 것이다. 그런 현상을 눈으로 본 적이 없을 것이다. 이 미세분말 형태가 다른 고분자(polymer) 등의 조직에 결합돼 있기 때문에 안정한 형태로 존재하는 것이다. 그래서 우리는 공기청정기나 에어컨을 틀어도 활성탄 가루가 날리는 모습을 목격하지 않게 된다.

그럼 전혀 걱정할 것이 없는 것일까? 만약 공기청정기나 에어컨에서 활성탄이 붙어있는 플라스틱 소재가 분해된다면, 활성탄이 장착된 미세플라스틱이 공기 중으로 흩날릴 수도 있다. 그렇지만 공기청정기에는 주로 공기의 흐름만 존재할 뿐이며, 습할 때 발생하는 각종 미생물에 의해 필터가 자연분해되기 위해서는 매우 오랜 시간을 필요로 한다. 유의미한 분해 현상이 일어나기 전에 여러분 집에 있는 공기청정기나 에어컨에서 필터 교체 신호가 뜰 것이다. 표면에 의존하는 필터들이기 때문에 각종 오염물질이 표면에 붙으면서 표면을 덮을수록 필터 성능은 계속 저하된다. 결국 유의

미한 분해 현상이 일어나기 전에 필터를 교체하게 된다는 뜻이다. 따라서 필터 교체 주기만 잘 지켜준다면 크게 염려하지 않아도 되겠다.

공기 중에 미세플라스틱이 존재한다고?

국내외 공기 중 미세플라스틱 연구

2024년 1월 학술지 *Environmental Science & Technology Letters*에 충격적인 논문이 게재되었다. 연구팀은 비료에 있는 미세플라스틱들이 바람을 통해 공기 중으로 퍼진다는 결과를 발표했는데, 구체적으로 비료를 사용하지 않을 때보다 미세플라스틱의 양이 약 2.5배 더 많다고 발표하였다.

공기 중의 미세플라스틱 검출과 관련해서는 이미 국내에서도 연구가 진행된 바 있다. 2021년 서울시 보건환경연구원은 서울과 경기도 가정집과 집 근처 야외에서 공기 중 부유 물질을 포집하고, 이를 분석했더니 모든 시료에서 미세플라스틱이 존재하는 것을 밝혀냈다. 가정집 실내 공기의 경우 1 m^3당 평균 3.02개의 미세플라스틱이 검출됐으며, 입자 크기 평균은 166 μm(마이크로미터)였고, 실외 공기의 경우 1 m^3당 평균 1.96개가 확인되었다. 뿐만 아니라 빗물도 분석했는데, 빗물에서조차 미세플라스틱(기준 크기: 20 μm

이상)이 검출되어 많은 이들에게 충격을 안겨주었다. 그 뒤에 2022년 부산보건환경연구원은 실내외 18곳의 공기를 분석하였고, 그 결과 실내에서는 미세플라스틱이 1 m^3당 평균 0.4개, 실외에서는 1 m^3당 평균 0.1개가 존재하는 것을 확인했다.

실내외에 따른 미세플라스틱의 종류

미세플라스틱의 종류는 주변 환경의 영향을 받은 것으로 분석된다. 실내의 미세플라스틱은 장난감, 섬유, 포장재 등에 쓰이는 소재가 주류를 이뤘고, 실외의 경우 자동차, 음료수병, 건축자재 등에 쓰이는 소재가 주를 이뤘기 때문이다. 일련의 연구들을 통해 불행히도 공기 중의 미세플라스틱이 떠다니는 것은 분명한 사실임이 확인되었다. 안 그래도 미세먼지 속 중금속 때문에 숨쉬는 것처럼 불안한 것이 사실인데, 이제는 숨쉴 때마다 미세플라스틱도 걱정해야 하다니! 특히 노약자와 어린아이를 키우는 부모님의 마음은 특히 더 불안할 것이다.

먼저 앞선 연구결과들이 의미하는 바를 더 깊게 살펴보면, 모두 실외보다 실내의 공기 중 미세플라스틱이 더 많았다는 점에 주목할 수 있다. 이 결과만 보면 실내가 훨씬 더 공기질이 나쁘고 더 위험한 공간으로 분류되는 것처럼 보이는 게 사실이다. 하지만 미세플라스틱의 기준이 상대적으로 큰 20 μm였기 때문에, 이보다 더 작은 크기의 미세플라스틱 혹은 나노플라스틱(1마이크로미터 이하)을 기준으로 분석이 이뤄졌다면 다른 결과가 나왔을 수도 있다. 게다가 실외의 경우 어디서 측정하느냐에 따라 결과가 달라질 수밖에 없다. 차들이 씽씽 지나가는 차도 바로 옆에서 측정할 때와 공원에서 측정할 때는 결과가 달라진다는 의미이다. 따라서 실내/실외 미세플라스틱의 양의 차이에 큰 의미를 둘 필요는 없어 보이고, 추후 더 정밀한 연구가 진행되면 그때 결론을 낼 수 있을 것으로 보인다.

공기 중 미세플라스틱 발생 원인

그럼 실내에서는 왜 공기 중 미세플라스틱이 발생했을까? 먼저 실내에는 많은 플라스틱 제품들이 존재하게 되는데, 이중 상당수가 폴리에틸렌(PE)이나 폴리프로필렌(PP)과 같은 폴리올레핀(PO) 소재들이다. 이 소재들은 초기에는 안정성이 뛰어나지만, 시간이 흐를수록 서서히 분해(degradation)된다. 그럴 경우 마찰에 의해서 일부 조직이 떨어져 나올 수 있으며, 이것들이 공기 중에 흩날리게 되면 미세플라스틱으로 검출되게 된다. 게다가 의류에도 폴리에스터(polyester) 및 나일론(Nylon)과 같은 플라스틱 소재들이 널리 활용되는데, 역시 초기에는 안정성이 매우 뛰어나지만 지속적인 세탁과 자외선 노출 등에 의해서 조직이 서서히 약해지면서, 각종 마찰 등에 의해서 조직이 떨어져 나올 수 있게 된다. 그 결과 공기 중 미세플라스틱으로 측정된 것으로 보인다.

실외의 경우는 어떨까? 2021년 미국 국립과학원회보(PNAS) 자료에 따르면, 미국 서부 기준으로 미세플라스틱은 주로(약 84%) 도로에서 발생한다. 자동차 브레이크의 주요 소재는 금속 계열이기 때문에, 미세플라스틱의 주된 원인은 타이어라고 보면 된다. 실제 2020년 3월 Science of the Total Environment 저널에는 국가별 1인당 연간 타이어 마모량이 0.2~5.5 kg에 이른다고 발표한 바 있다. 이처럼 자동차의 타이어는 불가피하게 마모현상이 필연적으로 발생하며, 마모되면서 수많은 미세플라스틱을 방출하게 된다.

특히 타이어로부터 발생한 미세플라스틱을 흡입할 경우에는 카본블랙(carbon black)을 동시에 흡입하게 되는데, 이 카본블랙은 동물실험에서 폐 세포 손상 및 폐 병변을 유발했으며, 현재 국제암연구소 기준으로 인체발암가능물질(Group 2B)로 분류될 정도로 독성이 명확한 유해물질이다. 게다가 타이어의 주성분인 SBR이라는 플라스틱이 미세/나노플라스틱의 형태로 우리 몸에 유입됐을 때의 독성은 아직 명확히 밝혀진 바가 없을 뿐, 안전하다는 근거는 전혀 없기 때문에 충분히 우려가 되는 상황이다.

이렇게 실내외에서 미세플라스틱이 공기 중에 떠돌아다니는 것이 사실로 밝혀진 상황에서 우리는 과연 어떻게 대처해야 되는 것일까? 이 부분은 이어지는 챕터에서 다루도록 하겠다.

공기 중 미세플라스틱에 대한 대처 방안

앞선 챕터에서 우리는 숨만 쉬어도 미세플라스틱을 흡입하게 된다는 사실을 알게 되었다. 즉, 이제는 미세플라스틱 섭취뿐만 아니라 미세플라스틱의 흡입까지도 걱정해야 하는 상황이 된 것이다. 게다가 각종 미세플라스틱의 흡입 독성에 대한 연구는 지금도 진행형이기 때문에, 향후에 어떤 심각한 독성 결과가 나올지 미지수이다. 따라서 항상 경각심을 갖고, 온전히 피할 수 없다면 노출을 최소화할 수 있는 방안을 강구해야 한다.

실내 미세플라스틱 대처하기

먼저 실내에서 발생하는 미세플라스틱 흡입으로부터 우리를 보호할 수 있는 방법은 어떤 것들이 있을까? 실내 공기 중 미세플라스틱의 상당수는 폴리에틸렌(PE) 및 폴리프로필렌(PP)과 같은 폴리올레핀(PO) 소재들이다. 이 소재들이 자연분해되거나 과도한 마찰 등으로 인해서 미세플라스틱이 발생하게 된다. 의류 섬유로 널리 활용되는 폴리에스터와 나일론 등의 플라스틱도 역시 시간에 따른 분해현상에 의해 조직이 절단될 수 있으며, 이것이 흩날리면 공기 중의 미세플라스틱으로 검출된다. 하지만 이런 식으로 발생하는 미세플라스틱의 발생량은 많지 않다. 게다가 환기할 때 유입되는 실외에서 발생한 미세플라스틱의 유입가능성을 고려하면, 최근 실험결과들이 순수하게 실내에서 발생한 미세플라스틱의 양을 정확히 측정해냈다고는 보기 어렵다.

실내에서 순수 발생한 미세플라스틱의 양이 많지 않다고 하더라도, 오래된 플라스틱 제품이 실내에 많이 존재하거나 옷을 손으로 강하게 터는 행위가 늘어날수록 공기 중 미세플라스틱 발생량은 늘어날 것이다. 따라서 옷이나 이불 등을 털 때는 환기가 잘 되는 실외나 베란다 등에서 하는 것이 바람직하다. 하루에 한 두 번 환기한 뒤, 실외에서 유입된 미세플라스틱 및 미세먼지 등을 제거하기 위해 공기청정기를 가동하여 실내 공기를 정화한다면 실내 미세플라스틱은 크게 염려하지 않아도 되겠다.

실외 미세플라스틱 대처하기

실외 공기 중 미세플라스틱은 어떻게 대처하는 것이 바람직할까? 앞선 챕터에서 언급한대로 실외 공기 중 미세플라

정상적인 타이어(왼쪽)와 심하게 마모된 타이어(오른쪽)

스틱의 주된 원인인 도로이며, 상당수를 타이어가 차지하고 있다. 타이어는 SBR이라고 불리우는 고무에 카본블랙이 기본적으로 투입되며, 이 외에도 수십에서 수백 개의 첨가제가 포함된다. 이들이 마모되면 필연적으로 SBR, 카본블랙, 그 외 첨가제 등을 흡입하게 되는 셈이다. 안타깝게도 현재 기술로는 타이어의 마모 자체를 막을 수 있는 방법은 없다. 그렇다고 절대 마모되지 않는 타이어의 개발만 바라고 있는 것은 너무 허무맹랑한 일일 것이다.

타이어의 미세플라스틱 발생을 줄이는 첫 단계는 차량의 급출발/급제동을 줄이는 것이다. 그리고 실외라도 장소에 따라 미세플라스틱의 양과 농도는 다를 수밖에 없다. 예를 들어, 차가 빠르게 달리는 도로 옆 인도에 서있을 때와 아파트 옥상 위에 서있을 때의 미세플라스틱 노출 양과 농도는 다르다. 당연히 도로 옆에 있을 때 타이어로부터 발생한 미세플라스틱 입자를 더 많이 흡입하게 된다. 미세플라스틱 흡입으로부터 온전히 자유로운 것은 불가능하지만, 도로와 인접한 인도를 걸을 때라도 KF94마스크를 착용하거나, 정류장에 버스가 정차할 때 너무 가까이 접근하는 것을 자제한다면 타이어에 의한 직접적인 미세플라스틱 흡입량은 확연히 줄일 수 있을 것이다.

마스크 착용을 생활화하기

안타까운 현실은 하루의 주 활동을 야외에서 하는 사람들이 많다는 현실이다. 특히 도로 바로 옆 인도에서 노점상을 운영하거나, 배달로 생계를 유지하는 노동자들은 이런 미세플라스틱에 더 쉽게, 더 많이 노출될 수밖에 없다. 황사나 미세먼지가 없어 맑은 날이라 하더라도 마스크를 착용하는 습관을 유지하여 미세플라스틱에 의한 피해를 방지하기를 바란다.

탈모의 원인은 따로 있었다고?

과학자들끼리 만나면 가장 많이 하는 우스갯소리가 있다. 탈모 치료제를 개발하면 노벨상이 따 놓은 당상이라는 것이다. 그만큼 전 세계적으로 탈모로 고생하는 사람이 매우 많다. 현재까지 개발된 탈모 치료제는 증상 완화 등의 효과일 뿐, 완벽한 탈모치료제는 아직까지 개발되지 않았기 때문이다. 그동안 탈모의 원인은 음주, 흡연, 식습관, 스트레스 등이 지목돼 왔으며, 가장 큰 원인으로는 유전이 지목돼 왔었다. 그런데 최근 20~30대 젊은 층에서 탈모환자가 급증하고 있다는 것을 보면, 단순히 유전만으로 탈모 현상을 설명하기가 뭔가 부족하다는 것을 느낄 것이다.

미세플라스틱과 탈모

그런 상황에서 최근 탈모의 원인이 다른 곳에 있다는 것을 지적한 연구결과가 나와서 화제이다. 2024년 2월 세계적인 학술지인 *Environment International*에서 「Aged polystyrene microplastics exacerbate alopecia associated with tight junction injuries and apoptosis via oxidative stress pathway in skin」이라는 논문이 게재되었다. 이 연구에서는 최초로 미세플라스틱이 탈모에 미치는 영향을 보고하였다. 그동안 미세플라스틱을 섭취했을 때의 독성 위주로 연구가 됐었고, 미세플라스틱이 피부 손상과 탈모증에 미치는 구체적인 영향은 제대로 연구된 바가 없었다. 연구진들은 두 가지 유형의 폴리스타이렌(polystyrene) 미세플라스틱이 생쥐의 피부 및 모낭 손상에 미치는 영향을 조사했으며, 미세플라스틱은 일반 미세플라스틱 및 노후화된 미세플라스틱을 활용하였다.

그 결과 미세플라스틱이 피부 독성을 일으켰으며 탈모도 유발한다는 충격적인 결과가 공개되었다. 특히 모간과 모낭 사이의 접착에 영향을 줌으로써 탈모를 유발했는데, 노후화된 미세플라스틱에서 탈모증 유발이 더 악화된 것으로 드러났다. 결국 탈모를 예방하기 위해서는 두피가 미세플라스틱에 노출되는 것을 최소화해야 한다는 것이다.

타이어와 미세플라스틱

그렇다면 공기 중에 미세플라스틱이 실제로 있을까? 앞선 챕터에서 다루었듯이, 국내와 해외 연구결과 모두 공기

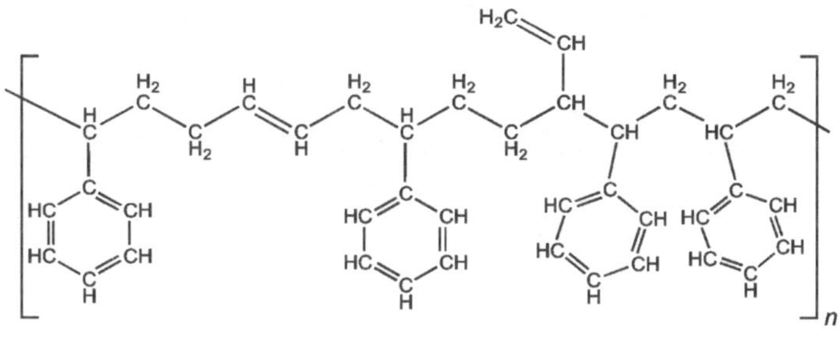

SBR플라스틱의 화학구조

중에서 미세플라스틱이 검출되었다. 실제 2018년 11월 미국 지질학회에서 발표된 연구내용에 따르면, 독일 고속도로 3곳 주변의 공기를 포집해서 500개 이상의 작은 입자를 분석한 결과, 대다수(89%)가 타이어, 브레이크 시스템, 도로 자체에서 발생한 것으로 드러났다. 특히 타이어에서 발생한 양이 많았으며, 이것들이 바로 공기 중 미세플라스틱이었다. 우리가 그동안 미세먼지만 신경을 썼지만, 그 안에 있던 미세플라스틱은 간과했던 것이다.

공기 중 미세플라스틱에 상당부분 기여하는 타이어의 주성분은 SBR이라고 불리는 styrene-butadiene rubber(스타이렌-뷰타다이엔 고무)이다. 타이어는 이 SBR이라는 플라스틱을 기반으로 카본블랙(carbon black)과 다른 여러가지 첨가제를 넣어서 제조된다. 만약 타이어로부터 발생하는 SBR 미세플라스틱에 우리 두피가 노출되면 어떻게 될까? 앞선 연구논문에서는 폴리스타이렌 미세플라스틱 연구결과였으니, 전혀 상관이 없는 걸까? 실제로 아직 SBR미세플라스틱으로 탈모 영향을 연구한 논문은 없다. 그러나 폴리스타이렌 미세플라스틱이 두피에 영향을 준 것이라면, SBR 미세플라스틱도 두피에 유사한 영향을 줄 수밖에 없다. 폴리스타이렌과 SBR은 화학적으로 성질이 유사하기 때문이다. 따라서 타이어로부터 발생한 미세플라스틱에 우리 두피가 최대한 노출이 되지 않게 하는 것이 매우 중요해졌다.

두피를 청결하게

어떻게 하면 SBR 미세플라스틱으로부터 우리 두피를 보호할 수 있을까? 모자를 써 물리적으로 차단하는 것은 통풍에 문제가 생기므로 무조건 좋은 방법이라고는 할 수 없다. 그런데 실제 실험결과를 보면, 버스정류장에서 버스가 멈출 때 미세먼지 수치가 치솟는 현상이 발생했다. 당연히 브레이크를 밟을 때 마모 현상으로 인해 미세플라스틱이 과량 발생하면서 미세먼지 수치가 높아졌던 것이다. 당연히 버스로부터 가까이 서있었던 사람과 상대적으로 멀리 떨어져 있던 사람은 SBR 미세플라스틱 노출량은 다를 수밖에 없다. 따라서 평소 버스정류장 등에서 상대적으로 멀리 떨어져서 대기하는 것도 한 방법이 될 수 있다.

무엇보다 가장 확실한 방법은 외출을 하고 온 날은 반드시 머리를 감고 자는 것이다. 머리를 감을 때도 과도한 샴푸와 비누 사용은 자제하고, 손바닥으로 두피를 마사지하듯이 문지르게 되면 잔류하던 미세플라스틱을 상당수 제거할 수 있다. 이를 참고하여 탈모의 원인을 한 가지씩이라도 줄여 나가기를 바란다.

BPA free, 갈 길이 멀다고?

BPA free를 위하여

BPA free라는 문구는 마트나 온라인몰에서 생활용품을 구매할 때 자주 보는 문구이다. BPA는 비스페놀-A(Bisphenol-A)의 약자인데, 과연 BPA가 뭐길래 이렇게 BPA free라는 문구까지 써넣어가면서 '없다'라는 것을 강조하는 것일까?

BPA는 내분비계 교란 화학물질, 즉 환경 호르몬으로 대다수의 나라에서 엄격하게 관리·규제하는 화학물질이다. 우리 몸에 유입되면 어린이/청소년들에게는 행동/인지 발달에 부정적인 영향을 끼친다고 알려져 있고, 성인에 대해서도 심혈관 질환 및 제2형 당뇨병 가능성을 높인다.

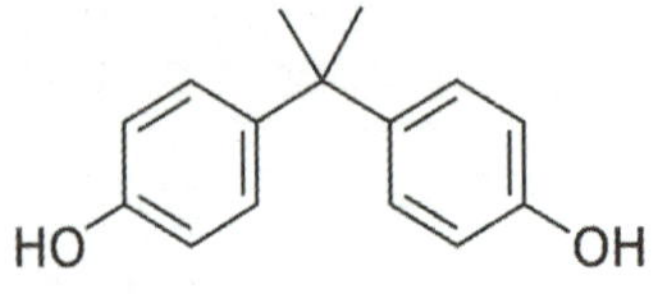

Bisphenol-A(BPA)의 화학구조

BPA는 어디에 주로 사용이 될까? 먼저 폴리카보네이트 라는 플라스틱을 제조할 때 사용된다. 이 플라스틱은 투명하면서도 강도가 단단하기 때문에 식품용기 등으로 널리 활용된다. 그리고 통조림 캔 내부는 부식을 막기 위해서 에폭시 수지로 코팅되어 있는데, 이 에폭시 수지를 제조할 때도 BPA가 사용되는 경우가 많다. 그래서 높은 열이 가해지거나 기름진 음식이 오랜 시간 닿게 되면, 잔류하고 있는 BPA가 용출될 수 있다.

그렇기 때문에 우리나라는 물론이거니와 다른 나라들도 BPA의 용출 기준을 설정하고 관리하고 있다. 우리나라의 경우 평균 BPA 용출량이 기준치 이하이기 때문에 괜찮다는 입장이지만, 미국 터프츠 대학의 애나소토 연구팀의 연구결과에 따르면 매우 낮은 농도의 BPA도 독성을 일으킨다는 것이 밝혀진 만큼 마냥 안심할 수는 없다.

새로운 희망, BPS

그래서 많은 회사에서는 BPA를 대체하기 위한 노력을 많이 기울여왔고, 그 결과 BPA 대신 비스페놀-S(Bisphenol-S, BPS)가 각광을 받게 되었다.

이에 따라 영수증에서 현색제 역할을 하기 위해서 사용되던 BPA는 BPS로 빠르게 대체되었고, 통조림 내부 코팅제로 사용되는

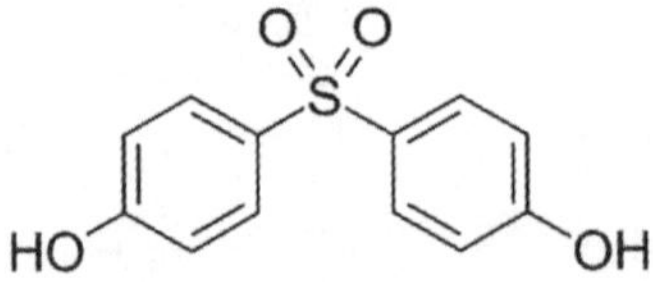

Bisphenol-S(BPS)의 화학구조

에폭시 수지를 제조할 때도 BPA대신 BPS를 활용하는 경우가 늘어나게 되었다. 결과적으로 우리는 BPA로부터 점점 자유로워지는 추세가 되었고, 점점 안심하는 상황이 되었다. 그런데 그 안심은 그리 오래가지 못했다.

BPS의 배신

2019년 4월 학술지 *Reproductive Toxicology*에 「Bisphenol-S promotes endocrine disrupting effects similar to those promoted by bisphenol-A in the prostate of adult gerbils」라는 제목의 논문이 게재되었다. 이는 BPA 대체재였던 BPS가 남성과 여성의 전립선에서 내분비 교란을 유발할 수 있다는 결과를 담고 있었다. BPA만 아니면 모든 문제가 해결될 줄 알았는데, 산업 관계자 및 일반 대중들에게는 청천벽력과 같은 연구결과였던 것이다.

게다가 최근 2024년 3월에 발표된 연구결과는 더 충격적이었다. *Environmental Science and Technology*라는 저널에 실린

「Association of Bisphenols Exposure and Hyperuricemia Based on Human Investigation and Animal Experiments」 라는 연구는 중국에서 고요산혈증* 발병률이 높은 지역의 사람들의 혈청 및 소변 시료를 분석한 것이다. 그 결과 15개의 비스페놀 화학물질이 검출되었다. 동물 실험결과에서는 혈청 요산 수치의 증가가 비스페놀 중에서 BPS와 BPP에 노출된 마우스에서 관찰되었으며, BPS에 노출이 될 경우 신장의 구조를 손상시켜 혈청 요산수치를 높이는 것을 확인했다. 결국 BPS 노출은 전립선에서 내분비 교란을 일으킬 뿐만 아니라 혈청 요산 수치까지도 높일 수 있다는 것이다. 이를 통해 마냥 안전하다고 생각했던 BPS도 독성이 명확히 밝혀지게 되었다.

해외와 국내의 BPS 관리 상황

이런 상황에서 다른 나라는 어떻게 대처하고 있을까? 미국 캘리포니아주의 환경 보건 위해 평가국에서는 2023년 12월에 BPS를 위해물질로 지정했으며, 특히 여성의 생식 관련 문제에 초점을 두고 생식 독성물질로 분류하여 관리를 본격화하였다. 그럼 우리나라는 어떨까? 2024년 5월을 기준으로 BPS에 대해서는

* 고요산혈증: 요산 수치가 비정상적으로 높은 상태이며, 관절염이나 신장결석 문제를 일으킬 수 있다.

어떤 기준치도 없으며, 폴리카보네이트 재질의 기구 및 용기포장에 대해서 BPA 용출 규격을 0.6 ppm 이하로 설정하고 있을 뿐이었다. 심지어 이 BPA 기준도 유럽연합의 0.05 ppm 기준에 비해서 다소 수치가 높은 편이다.

안타깝게도 BPA의 대체재로서 많은 각광을 받던 BPS조차도 최근 연구결과를 통해 그 유해성이 속속들이 밝혀지고 있다. 이런 상황에서 우리는 어떻게 행동하는 것이 바람직한 걸까? 먼저 정부 주도의 친환경 대체재 개발에 힘써야 하는 것은 당연하다. 일반 소비자들도 통조림 등을 구매할 때는 제조일자까지 확인하는 습관을 가져야 한다. 만약 BPS를 이용한 에폭시 수지가 캔 내부의 코팅제로 사용됐다면, 잔류하던 BPS가 서서히 용출될 가능성이 높은데, 제조된 지 오래된 제품일수록 더 용출량이 많아질 수밖에 없기 때문이다. 결국 새로운 친환경 소재가 개발되기 전까지는 다같이 조심하는 방법뿐이다.

미세플라스틱이 장내 미생물의 불균형을 초래한다고?

속속이 밝혀지는 미세플라스틱의 독성

최근 전 세계적인 큰 이슈는 미세플라스틱이다. 인류 최고의 발명품으로 칭송받던 플라스틱이 이제는 미세플라스틱 발생의 주범이 되고 있는 상황이다. 그동안은 미세플라스틱 섭취의 독성이 명확히 연구되지 않았기 때문에 막연한 불안감만 있었는데, 이제는 관련 독성연구들이 속속들이 발표되고 있다. 가장 대표적인 연구는 2022년 *Theranostics* 저널에 실렸던 폴리스타이렌(PS) 미세플라스틱의 독성 연구결과로, 해당 미세플라스틱의 동물실험 결과에서 암세포 성장이 더 빨랐고, 전이 가능성도 최대 10배 이상 증가하는 현상이 발견돼 화제를 모았다.

2023년 3월에는 *Nature ecology & evolution* 저널에 「Current Levels of Microplastic Pollution Impact Wild Seabird Gut Microbiomes」라는 제목의 논문이 게재됐는데, 미세플라스틱의 섭취가 두 바닷새의 장내 마이크로바이오옴을 변화시켰다는 놀라운

연구결과를 보고하였다. 특히 장에서 미세플라스틱이 많이 발견될수록 그에 상응하는 유익한 박테리아 수는 더 감소하는 결과가 확인됐다.

뿐만 아니라 2023년 12월 *Environment International* 저널에 실린 「Continuous Oral Exposure to Micro- and Nanoplastics Induced Gut Microbiotadysbiosis, Intestinal Barrier and Immune Dysfunction in Adult Mice」라는 제목의 논문은, 폴리스타이렌 미세/나노 플라스틱(PS-MNP)의 경구 노출 독성을 조사하였다. 특히 입자 크기가 다른 PS-MNP가 장내 미생물군, 장벽과 장 면역 기능에 미치는 영향을 분석하였다. 그 결과 PS-MNP에 노출됐을 경우, 유익한 박테리아 수가 크게 감소하고, 잠재적으로 유해한 박테리아 수는 크게 증가하였다. 게다가 장내 미생물군에 의해 대사되는 단쇄 지방산이 PS-NMP에 의해 크게 변화되는 것이 발견됐으며, 장 장벽의 기능이 파괴되고 장에 염증이 생기는 현상이 확인되었다. 장내 분비성 면역글로불린A의 수치도 감소할 정도로 폴리스티렌 미세/나노 플라스틱에 의한 독성이 명확히 밝혀졌다. 농도보다는 노출 기간과 입자 크기에 영향을 받는 것으로 드러났으며, 결과적으로 더 작은 입자 크기 및 더 긴 노출 시간에 의해 독성이 커지는 것으로 나타났다.

이렇듯 미세/나노 플라스틱에 의한 독성이 속속들이 밝혀지고 있는 상황에서 우리의 대처방법은 자명하다. 피할 수 없다면 최대한 노출을 피하는 것이다. 이것 외에는 최선의 방법이 없다.

PET병 주의보

우리는 언제 미세/나노 플라스틱에 노출될까? 대표적인 경우가 바로 PET병이다. PET병 속 미세/나노 플라스틱에 대해서는 이미 전 세계적으로 연구가 활발히 진행됐으며, 1리터에 25만개의 미세 플라스틱이 발견되기도 하였다. 그 외에도 우리나라 식약처에서 식품별로 미세플라스틱의 검출수준을 조사했을 때, 액상차, 탄산음료, 과일음료, 맥주, 간장, 벌꿀, 식염, 해조류, 티백류, 젓갈류 등에서 미세플라스틱이 관찰되기도 하였다. 당시 조사에서 검출 개수는 대부분 1 g당 1개도 검출되지 않은 수준이었지만, 조사 시기에 미세플라스틱의 기준 크기는 20 μm였다. 20 μm 이하는 조사하지 않았다는 의미이기 때문에, 나노플라스틱까지 조사했다면 훨씬 더 많은 양이 관찰됐을 것으로 보고 있다.

그 외의 미세플라스틱 발생원들

또 다른 경우는 티백이다. 2019년 캐나다 연구팀의 조사결과에 따르면 티백 1개에서 116억 개의 미세플라스틱과 31억 개의 나노플라스틱이 방출되는 것이 확인되기도 하였다. 그리고 가정용 포장랩도 미세플라스틱을 발생시킬 수 있다는 사실을 명심하라. 실제 당근을 포장용 랩으로 감싼 뒤 30초만 전자레인지에 돌

려도 랩이 분해되면서 미세플라스틱 형태로 당근 표면에 붙는 것을 실험적으로 확인한 바 있다. 마지막으로 종이컵 역시 뜨거운 음료를 담거나 저을 때 벽을 긁게 되면 종이 벽면에 코팅돼 있던 플라스틱(PE 계열)으로부터 미세플라스틱이 발생할 수 있다는 사실도 기억하기 바란다.

앞서 소개한 2023년 12월의 연구가 비록 폴리스타이렌으로 한 실험이었지만, PET병으로부터 발생하는 PET 미세플라스틱과 일반적으로 많이 관찰되는 폴리에틸렌(PE) 미세플라스틱 역시 유사한 독성 결과가 나올 수 있다. 그만큼 노출을 최소화하는 삶을 살아야 한다. 결국 관련 소비를 줄이면서 환경도 살리고 건강도 챙기는 것이 중요하다.

냉장고에 플라스틱 용기를 이용하면 환경호르몬 가소제에 노출된다고?

프탈레이트 주의보 발령?

2024년 초, 대한직업환경의학회지에 놀랄 만한 연구논문이 게재되었다. 냉장고 내 식품보관용 플라스틱 사용여부와 환경호르몬인 프탈레이트 노출과의 상관관계를 조사한 연구논문이다. 연구팀은 성인 3333명(남자 1526명, 여자 1807명)의 소변 시료를 분석했으며, 냉장고 내 플라스틱에는 그릇 외에도 지퍼백과 비닐봉지가 포함되었다. 그 결과 냉장고 식품 보관에 플라스틱을 사용한 남성의 경우, 소변 속 프탈레이트류(DEHP) 대사물질의 농도가 평균 37%가 높았다는 연구결과가 발표되었다.

해당 결과에 대해서 연구진은 냉장고 내 식품이 오랫동안 플라스틱에 노출될 경우, 프탈레이트가 식품으로 쉽게 이동하기 때문에 인체에 유입되는 것으로 추정했다. 또한 중국에서도 냉장고용 플라스틱 사용 여부와 프탈레이트 노출 여부의 상관관계가 보고된 바 있기 때문에, 국내에서도 유사한 결과가 관찰된 것으로 보았다. 그런데 특이하게도 여성의 경우는 냉장고용 플라스틱의 사용 여부와 프탈레이트 노출 여부의 상관관계가 없는 것으로 나타났다. 그 이유에 대해 연구팀은 프탈레이트 성분이 음식 내 지방 성분으로 쉽게 이동하고, 남성이 여성보다 평소 지방 섭취량이 많기 때문에, 성별에 따른 차이가 발생한 것으로 추정하였다. 이 결과를 놓고 보면, 남성이라면 냉장고 속 플라스틱은 모두 갖다 버려야 할 것으로 보인다. 여성은 냉장고 속 플라스틱의 사용 여부는 신경쓸 필요가 없으니, 다소 안심이 될 수도 있을 것 같다.

다 같은 플라스틱이 아니다

그럼 실제로 그런지 다시 살펴보자. 먼저 프탈레이트는 가소제로서 플라스틱을 유연하게 만들기 위해서 사용하는 화학물질이며, 주로 PVC(폴리염화바이닐)라는 플라스틱을 유연하게 만들기 위해서 널리 사용된다. 해당 연구에서 '그릇/지퍼백/비닐봉지'의 사용여부를 관찰했는데, 여러분들이 집에 있는 냉장고 내 플라스틱 그릇을 살펴보면 PVC라는 표기는 찾을 수 없다는 것을 알게 될 것이다. 지퍼백도 마찬가지이며, 비닐봉지 역시 과거에는 PVC를 많이 사용했으나 최근에는 비닐(바이닐)이라는 이름이 무색하게 찾아보기 힘들어졌다. 프탈레이트 논란이 커지면서 PVC의 사용이 줄어든 까닭이다.

그럼 어떤 소재를 주로 쓸까? 대부분 폴리에틸렌(PE)이나 폴리프로필렌(PP)이라고 볼 수 있다. 이 소재들에는 프탈레이트 가소제가 쓰일까? 그렇지 않다. 프탈레이트 가소제를 사용하지 않으며, 특정 모양으로 만들기 위한 가공 과정에서도 이 가소제를 사용하지 않는다. 굳이 가소제를 쓰지 않고도 원하는 모양으로 쉽게 만들 수 있기 때문이다. 이 소재들은 형태를 만들 때 열을 가해 유체로 만든 뒤, 특정 틀에 넣고 식히면 그만이다. 따라서 번거롭게 가소제를 사용해서 가공한 뒤, 다시 가소제를 빼내는 공정을 추가할 필요가 없다. 이런 PE 소재의 분자량이나 밀도를 조절하면 매우 유연하게 만들 수 있기 때문에, 지퍼백에도 굳이 가소제를 사용할 필요가 없다.

게다가 해당 연구에서는 여성의 경우 상관관계가 없다는 점을 주목해야 한다. 냉장고 속 플라스틱에서 가소제가 나왔다면, 지방 섭취량이 적었더라도 남성에 비해 적은 양의 프탈레이트 대사물질이 관찰되는 것이 정상이다. 이번에 남성이 평균 37% 높았다면, 예를 들어 플라스틱 사용 여성은 10% 정도 높았다는 결과가 나왔어야 납득이 될 수 있다는 뜻이다. 냉장고 속 플라스틱을 사용하는 여성들은 전부 플라스틱 속 음식물을 본인은 섭취하지 않고 남편에게만 모두 줬다는 말일까? 한마디로 남녀 성별의 차이가 발생하는 것은 쉽게 이해가 가지 않는 부분이다.

배달과 외식의 위험성

따라서 필자는 프탈레이트 노출량과의 연관성으로 플라스틱 용기 사용 여부보다는 오히려 배달/포장 음식의 섭취 횟수나 외식 횟수에 중점을 두고자 한다. 배달/포장 음식의 섭취 횟수나 외식 횟수와의 상관관계를 조사한다면, 남녀 성별의 차이가 발생할 가능성이 매우 낮다는 뜻이다.

먼저 배달/포장 음식의 섭취 횟수와의 연관성을 지목한 이유는 바로 PVC랩 때문이다. 가정용 랩은 사실상 PE 및 PP 등의 PO(폴리올레핀)랩이 평정을 했지만, 아직도 업소에서는 PVC랩을 애용하고 있기 때문이다. PVC랩은 프탈레이트 이슈 외에도, 재활용되지 않고 무조건 소각해야 하기 때문에 원래 계획은 2024년 1월에 완전 시장에서 퇴출할 계획이었다(소각 시 다이옥신과 같은 유해물질도 배출된다). 그러나 여러 가지 이유로 인해 실제 시행은 하지 않고 있는 상황이다. 그래서 여전히 연매출 10억 미만의 영세업자나 축/수산물의 경우, PVC랩을 써도 전혀 문제가 되지 않는다. PVC랩은 PO랩보다 잘 늘어나고 점착력이 우수하며 습기가 잘 차지 않기 때문에, 일반 업소에서 이를 더 선호하는 것이다. 그래서 만약 여러분들이 짬뽕이나 우동같이 뜨거운 음식을 배달시킨다면, 그 열기로 인해 PVC랩으로부터 프탈레이트가 용출될 가능성이 매우 높아지게 된다. 뿐만 아니라 탕수육, 깐풍기, 족발처럼 기름진 음식에 이런 PVC랩이 직접 닿을 경우, 역시 프탈레이트 가소제

우리나라 배수관의 13%는 PVC관이다.

가 용출될 가능성이 높아진다. 따라서 배달음식을 많이 섭취할수록 가소제 노출 가능성은 덩달아 높아지게 된다.

그럼 외식 횟수는 왜 관련이 있을 수 있을까? 바로 상수도관으로 사용되는 PVC관 때문이다. 우리나라 상수도 시스템은 취수장에서 물을 확보한 뒤, 도수관 → (정수장) → 송수관 → 배수관 → 급수관을 거쳐 가정/업소용 수도꼭지에 도착하도록 구성된다. 여기서 배수관을 주목할 필요가 있다. 아직까지 배수관의 13%가량에 PVC관이 사용되고 있다. PVC관에서 프탈레이트 가소제가 용출된다면, 이 물을 이용해 만든 음식에도 프탈레이트 성분이 존재할 가능성은 높아진다. 실제 오래된 PVC관에서 프탈레이트가 용출되었던 연구결과도 이를 뒷받침한다.

2011년 *Water Research* 저널에 실린 「Investigation of Factors

Affecting the Accumulation of Vinyl Chloride in Polyvinyl Chloride Piping Used in Drinking Water Distribution Systems」이라는 제목의 논문에서 이러한 사실이 밝혀졌다. PVC로 만들어진 수도관에서 염화바이닐의 용출여부를 관찰했는데, 단 며칠 후에도 수십 ng/L 범위가 관찰됐으며, 2년 후에는 수백 ng/L 범위의 축적이 관찰되기도 하였다. PVC 내 잔류하고 있던 염화바이닐 성분이 이 정도 용출됐다면, 프탈레이트 가소제 역시 용출될 수밖에 없다. 실제 음식점에서 요리를 할 때 정수기 물로 요리하는 모습을 본 사람은 별로 없을 것이다. 수돗물을 요리하는 것이 일반적이며, 만약 이 음식점에 도착한 수돗물이 PVC 배수관을 통해서 왔다면, 가소제 잔류 여부를 충분히 의심해볼 수 있다.

결론은 이번 연구결과를 통해, 우리가 프탈레이트 가소제에 노출될 수 있다는 사실을 알게 되었다. 그에 대한 원인으로 해당 논문은 냉장고 속 플라스틱 사용 여부를 지목했지만, 우리나라의 식품보관용 플라스틱 재질을 고려했을 때 이보다는 배달/포장 음식과 외식 횟수가 더 연관성이 높아 보인다. 특히 배달 음식의 경우, 환경 위해 포장 쓰레기를 줄이는 측면에서라도 그 횟수를 줄여보는 것이 바람직하다.

친환경 가소제의 배신

프탈레이트 가소제는 PVC 플라스틱을 유연하게 사용되는 화학물질이다. 그런데 프탈레이트에 대한 각종 위해성 연구결과들이 공개되다 보니, 이를 대체하기 위해 많은 이들이 노력했고, 그 결과물로서 가장 널리 사용되는 가소제가 바로 ATBC(아세틸 트라이뷰틸 시트르산)이다. 생분해성이 프탈레이트보다 뛰어나고 독성이 상대적으로 낮기 때문에 친환경 가소제라는 별명도 갖고 있다.

삼대에 걸친 ATBC 위해성

그런데 2024년 8월 *Environment International* 라는 저널에 공개된 ATBC 관련 연구결과로 인해 새로운 관점이 제시되었다. 「Intergenerational Metabolism-disrupting Effects of Maternal Exposure to Plasticizer Acetyl Tributyl Citrate(ATBC)」라는 제목의 논문으로, ATBC에 노출시켰을 때 암

컷 생쥐의 대사 항상성에 미치는 영향을 조사했고, 동시에 세대 간 영향까지 조사하였다. 구체적으로 10주 동안 ATBC를 노출시켰더니, 암컷 생쥐의 포도당 대사의 항상성과 생식계에 영향을 주는 것이 보고되었다. 더 충격적인 결과는 다음 세대에까지 영향을 미쳤다는 점이다. 다음 세대의 암컷 생쥐의 경우, 간 지방 수치가 상승했고, 경미한 인슐린 저항성이 관찰됐다. 뿐만 아니라 다다음 세대의 수컷 생쥐의 경우 체중 증가, 간 내 중성지방 상승 및 공복 혈당 수치가 상승하는 연구결과가 발표됐다. 결국 모체의 ATBC의 노출이 세대에 걸쳐 포도당 대사에 영향을 준 것으로 확인된 것이다. 친환경 가소제로 각광받던 ATBC가 세대에 걸쳐 포도당 대사에 영향을 준다니!

국내 ATBC 사용 현황

ATBC의 국내 유통량은 연간 약 1,500톤 정도 될 정도로 유용하게 사용되는 화학물질이다. 수입산 PVC에도 포함된 상태로도 유통이 되는데, 이 수입산이 얼마나 유통되고 있는지 명확한 통계가 없다는 점이 문제다. 즉 PVC랩을 접하게 되면, 이게 국내산인지 수입산인지 알 방법이 없기 때문에, 은연 중에 ATBC가 함유된 수입산에 노출될 수도 있다는 뜻이다(국내산 PVC랩의 경우, 프탈레이트나 ATBC를 쓰는 경우를 찾기 어렵다).

열, 기름, 지방

이렇게 ATBC에 대한 노출을 최소화해야 할 이유가 명확해진만큼 노출될 가능성을 반드시 줄여야 할 것으로 생각된다. 여러분들이 기억해야할 단어는 '열, 기름, 지방'이다. PVC랩에 ATBC가 쓰였다 하더라도, 바로 ATBC가 용출되는 것이 아니다. 이 PVC랩이 높은 열에 노출되거나, 기름이나 지방에 오랫동안 노출될 경우, ATBC가 용출될 수 있다는 것을 기억하면 된다. 그래서 짬뽕같이 뜨거운 음식은 배달보다는 직접 가서 먹기를 바라고, 마트에서 고기를 포장하기 위해서 사용된 랩의 경우, 집에 와서는 가정용 랩(폴리올레핀 랩)으로 교체해서 보관하는 것이 바람직하다. 2024년 초에 원래 PVC랩을 정부에서 퇴출하려고 했으나, PVC랩의 훌륭한 사용감 때문에 쉽게 시행하지 못 하고 있는 실정이다. PVC랩은 습기도 잘 차지 않고, 늘어나는 정도와 붙임성 정도도 일반 가정용 랩보다 훌륭하므로 일반 업소에서 애용된다는 사실을 기억하기 바란다.

검은색 플라스틱 용기를 사용하면 발암물질에 노출된다고?

2024년 10월 초에 SNS를 장악한 한 소문이 있다. 실제 지상파 및 주요 언론에서 기사화된 내용을 기반으로 퍼진 소문으로, 검은색 플라스틱에서 호르몬 교란 및 암유발 물질이 검출됐다는 것이었다. 기사를 좀 더 살펴보면, 미국 Toxic-Free-Future라는 연구단체의 연구진과 네덜란드 연구진이 조사한 결과, 초밥 접시 및 주방도구용으로 널리 사용되는 검은 플라스틱에서 상당히 높은 수치의 발암물질이 검출됐다는 것이었다. 조사한 가정용품 상당수에서 검출된 난연제가 문제의 발단이었다. 이러한 검은색 플라스틱 용기는 배달 음식의 포장에 흔히 사용되기 때문에, 여기에 발암물질이 검출되었다는 소식이 빠르게 퍼진 것이다.

난연제가 검출된 까닭은

· 실제 이 연구내용은 2024년 10월 *Chemosphere*라는 학술지에 게재되었다. 신문기사를 보충해서 설명하자면, 총 203개의 검은색 플라스틱 제품을 조사하였고, 분석된 제품의 85%에서 브로민계 난연제가 검출되었다. 난연제의 농도는 최대 22,800 ppm까지 측정이 됐을 정도로 상황은 심각한 수준이었다. 흔히 사용하는 가정용품에서 이런 난연제가 검출이 된 까닭은 무엇일까? 그리고 연구진은 많은 색깔의 플라스틱 중에서 왜 검은색 플라스틱만 조사했던 것일까?

먼저 연구진이 검은색 플라스틱에 초점을 둔 이유는 바로 전자제품 등에 사용되는 플라스틱 중에서 검은색이 유독 많았기 때문이다. 전자제품용 플라스틱에는 화재가 났을 때 연소를 지연시켜줄 수 있는 난연제가 필수적으로 들어가기 때문에, 이 플라스틱이 재활용되는 과정에서 가정용품 쪽으로 유입될 가능성에 집중했던 것이다. 그래서 일반 마트에서 검은색 플라스틱만 수거하여 조사를 했던 것이었는데, 실제로 난연제가 검출된 것이다. 그러면 우리는 검은색 플라스틱만 앞으로 조심하면 되는 것일까? 그렇지는 않다.

예를 들어 전자제품에 흰색 플라스틱이 사용이 됐고, 이것이 재활용되는 과정에서 가정용품 제조업체에 넘어갔다고 하더라도 마찬가지이다. 이때 업체에서는 다른 색의 염료를 사용하여 기존의 흰색을 덮어버릴 수 있다. 즉 단순히 검은색 플라스틱만 피한다고 해결되지 않는다는 것이다. 물론 기존의 색을 덮는 데는 검은색 염료가 매우 효과적이기 때문에, 가정용 검은색 플라스틱에 난연제가 포함될 가능성이 높은 것은 맞지만, 일반화해서는 안 된다는 뜻이다.

우리나라에서 널리 사용되는 TBBPA

우리나라는 지금 문제가 되고 있는 브로민계 난연제에 대해서 어떤 상황일까? '브로민계 난연제'는 한 가지 물질만을 지칭하는 용어가 아니다. 우리나라에서도 일부 사용 금지된 브로민계 난연제가 있긴 하지만, 모든 브로민계 난연제가 사용금지인 것은 아니다. 실제로도 금지되지 않고 널리 사용 중인 대표적인 브로민계 난연제로는 TBBPA(tetrabromobisphenol A)가 있다. 만약 이 브로민계 난연제를 섭취하면 어떻게 될까? 실제 동물실험결과에서 이 TBBPA가 암을 유발할 수 있다는 연구결과가 있는 만큼

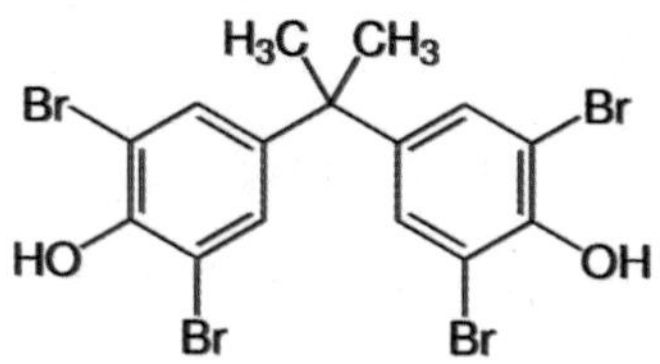

브로민계 난연제 TBBPA의 화학구조

당연히 노출을 피해야 하는 물질이다.

그럼 우리나라 국민들은 이 TBBPA와 같은 브로민계 난연제를 섭취할 가능성이 있는 걸까? 미국처럼 폐기된 전자제품용 플라스틱이 작게 조각난 뒤, 재활용하기 위해서 가정용품을 제조하는 업체로 전달될 경우, 이 업체에서 열을 가해서 녹인 뒤 염료를 섞어서 플라스틱을 새로이 제조한다면, 우리 역시 브로민계 난연제에 노출될 가능성이 있다. 특히나 배달 음식 포장에 사용되면서 뜨거운 음식에 노출되거나, 심한 마찰 등으로 미세플라스틱이 발생하면 이 난연제를 섭취하게 될 수도 있다.

재활용 시스템을 검토할 필요성

따라서 재활용 시스템 전반을 전면 검토하여, 전자제품용 플라스틱이 재활용되는 과정에서 가정용품 제조업체로 넘어갈 가능성을 차단해야만 한다. 개인으로서는 검은색 플라스틱만 조심할 것이 아니라 뜨거운 음식의 배달은 가급적 피하기를 권한다. 환경과 건강을 생각해서라도 식당에 직접 방문하여 식사하는 것이 바람직할 것이다.

일상 생활

4

레이저 프린터가 실내 공기를 악화시킨다고?

레이저 프린터의 작동 원리

요새는 가정집이건 회사건 대부분 레이저 프린터를 사용한다. 레이저 프린터는 레이저 빔을 이용하며, 이 빔은 프린터 내부의 드럼에 조준되어 미세한 패턴을 드럼 표면에 정전기적으로 입힌다. 그리고 토너가 드럼 표면에 적용되면, 음전하를 띠고 있는 토너 입자가 드럼에서 레이저 빔이 조사됐던 부위에만 부착된다. 이런 과정을 통해 드럼 표면에 토너로 이루어진 이미지가 형성되고, 드럼이 종이 위를 굴러가면서 종이 위에 토너 이미지가 전사된다. 마지막으로 이 종이가 고온의 롤러를 통과하면서 토너가 종이에 영구적으로 고정되는 원리이다.

고전압과 오존 발생

이런 원리로 진행되는 레이저 프린터가 실내 공기를 악화시킨다니, 어떤 이유에서일까? 그 이유는 고전압에 있다. 이 고전압은 공기 중의 산소 분자(O_2)를 분해해서 산소 원자(O)로 바꾸는데, 이렇게 생성된 산소 원자(O)가 다른 산소 분자(O_2)와 결합하면 오존(O_3)이 된다. 따라서 레이저 프린터를 작동시키기만 해도 오존의 발생은 불가피하다. 실제 레이저 프린터 옆에 있을 때, 특유의 퀴퀴한 냄새를 맡아본 경험이 있을 텐데, 그 냄새가 바로 오존 냄새이다.

오존은 상층 대기에서는 더할 나위 없이 소중한 존재인데, 태양으로부터 오는 자외선을 흡수해서 지구상의 생명체를 보호하는 역할을 하기 때문이다. 하지만 오존이 대기 중에 존재해서 우리가 이를 들이마실 경우에는 호흡기를 자극하여 기침, 천식, 기관지염 등을 유발할 뿐만 아니라 장기간 노출될 경우에는 폐 기능이 저하될 수도 있을 정도의 독성을 가지고 있다.

토너 속 카본블랙과 VOC

안타깝게도 레이저 프린터 사용 시 발생하는 유해물질이 오존만 있는 것도 아니다. 앞서 설명한대로 레이저 프린터

프린터 작동 중에는 토너로부터 유해 물질이 발생할 수 있다.

에는 토너가 반드시 사용되는데, 이 토너의 핵심은 고분자 소재와 안료이다. 흑색 토너의 경우에는 카본블랙이 쓰이고, 컬러 토너의 경우 컬러 안료가 사용된다. 토너에 사용되는 고분자 소재는 제조사마다 차이는 있는데, 일반적으로 폴리스타이렌, 폴리아크릴레이트, 에폭시 수지 등이다. 인쇄 과정에서 이러한 고분자 소재의 토너가 열을 받아 녹음으로써 종이에 이미지가 고정될 수 있다. 그런데 문제는 여기서 발생한다. 토너가 열을 받는 과정에서 고분자 소재 내에 잔류하고 있는 미반응 화학물질들이 휘발돼서 날아갈 수 있다. 만약 해당 미반응 물질이 스타이렌이라면 이는 신장독성/간독성을 일으킬 뿐만 아니라 정자 감소와 생리 주기 이상을 유발할 수 있다. 발암성에 대한 충분한 근거까지 있는 화학물질이기도 하다. 이런 화학물질들을 통틀어서 휘발성 유기화합물(VOC)이라고

하며, 레이저 프린터를 가동할 때 이런 VOC를 측정하면 높은 수치의 농도가 검출된다.

그리고 프린터 작동 시 토너로부터 미세먼지 역시 발생하는데, 여기에는 토너에 포함된 카본블랙 역시 혼합된다. 즉, 카본블랙을 흡입할 가능성도 존재하는 것이다. 고분자 소재와 같이 사용되는 카본블랙이 호흡기로 들어올 경우에는 코와 목을 자극할 뿐만 아니라, 장기간 노출될 경우 폐질환의 위험을 증가시킬 수 있다. 일부 연구에서는 암을 유발할 수 있다는 결과도 있다고 하니 더욱 주의해야 할 것이다.

결론은 하나다. 이런 전자제품의 사용이 불가피한 현대 사회라면, 반드시 하루에 2~3회는 주기적으로 환기해야 한다. 또한 급하다고 해서 인쇄가 진행되는 동안 프린터 근처에 오래 머무르는 것은 지양하기 바란다.

우리의 건강을 위협하는 오존

맑은 물과 맑은 공기! 인간이 인간 답게 살아가기 위해 가장 필수적인 요소를 꼽으라면 당연히 이 2개가 최상위가 될 것이다. 그러나 이처럼 당연해야 할 '맑은'이란 형용사가 이제는 너무나 갖기 어려운 단어라는 것은 슬픈 현실이다. 어느 순간 미세먼지라는 용어는 매우 친숙해졌으며, 뿌연 하늘을 보는 것은 더 이상 낯설지 않은 풍경이 되었다. 이에 따라 공기질 개선을 위한 다양한 대책이 강구되고 있지만, 그 대책의 대부분은 미세먼지에만 많은 초점이 놓여 있다. 그런데 미세먼지만 문제일까? 불행히도 그렇지 않다. 오존(ozone) 또한 공기 중에서 우리의 건강을 위협하고 있다.

오존의 두 얼굴

오존이라는 물질은 우리가 초등학교 교과서에서부터 배우는 '오존층 파괴'라는 말을 통해 익숙할 것이다. 대기의 성층권에는 오존의 농도가 상대적으로 높은 오존층이 존재하는데, 이는 태양빛의 자외선 중에서 특히 에너지가 높은 UV-C를 흡수해서, 지표면에 사는 인간에게 해로운 UV-C가 도달하지 못 하게 한다. 이렇게 중요한 역할을 하기 때문에, 오존층이 파괴되면 인류뿐 아니라 지구 생태계에 큰 악영향을 끼친다. 따라서 전 세계적으로 오존층을 보호하기 위한 협약을 맺고 실천하고 있다.

그런데 이렇게 소중한 오존이 지표면에서 많이 존재하면 어떻게 될까? 불행히도 오존의 흡입 독성은 심각한 수준인데, 인간이 오존을 많이 흡입할 경우 호흡기 자극이 일어나 천식이나 만성기관지염을 유발할 수 있고, 폐 기능 감소 및 면역 체계 손상이 일어날 수 있다. 오존이 심혈관 질환과도 연관성이 있다는 연구결과도 있기 때문에 많은 나라에서 대기오염을 관리할 때 빼놓지 않는 것이 바로 오존이다.

오존의 위험성에 대한 연구

오존에 대해 수행된 많은 연구 중에서 2016년에 *Am J Respir Crit Care Med.*에 게재된 「Long-Term Ozone Exposure and Mortality in a Large Prospective Study」라는 논문에 주목하고자 한다. 이 논문에서는 미국 전역 66.9만명의 건강기록과 미국질병관리본부(CDC)의 대기 분석 데이터를 조사하여 종합하였다. 그 결과 오존 농도가 높은 지역에서는 심뇌혈관질환, 폐질환, 당뇨병 등에 의한 사망률이 높았다. 평균 대기 오존 농도가 0.035 ppm일 때부터 각종 질환이 생길 위험이 커졌는데, 구체적으로 0.035 ppm에서 0.01 ppm 증가할수록 폐질환이 12% 증가한다고 보고하였다. 즉, UV-C로부터 우리를 지켜주는 오존이지만, 지표면에서 고농도로 존재하면 인간에게 여러 측면에서 큰 해를 끼친다는 뜻이다.

우리나라의 오존 현황

이런 상황에서 우리나라의 오존 수치는 어떨까? 우리나라의 연도별 오존주의보 발령횟수를 살펴보면, 2014년에서 2018년까지 우상향을 그리다가 2020년에 확연히 수치가 낮아졌다

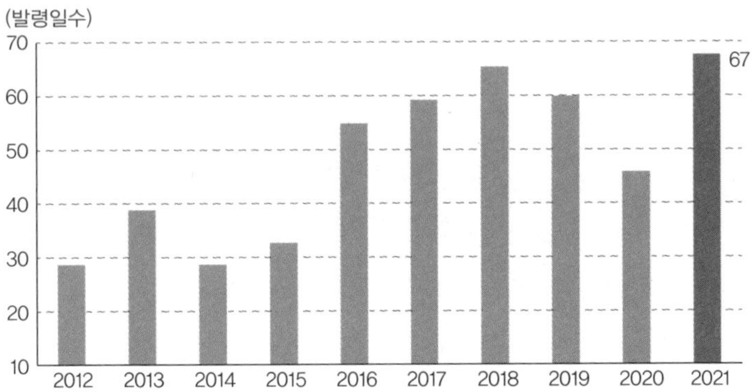

대한민국의 연도별 오존주의보 발령횟수(출처: 환경부)

가 2021년에 다시 수치가 급격히 상승한다. 2020년에 수치가 낮아진 것은 코로나 팬데믹으로 사람들의 활동이 줄어들면서 나타난 현상으로 생각되며, 이를 제외하고 본다면 기본적으로 우상향을 그리고 있는 것을 알 수 있다.

시간과 장소에 따른 오존 농도 추이

우리나라의 연평균 오존 농도 추이는 어떻게 될까? 그래프에서 보듯이 전국 평균은 꾸준히 상승하고 있으며, 2021년에 0.031 ppm으로 최고치를 경신한 이후 2022년은 0.032 ppm으로 최고치를 또 한 번 경신하였다. 유해성 강한 오존의 농도가 지속적으로 상승 중이라는 사실은 매우 우려되는 현실이 아닐 수 없다. 주요 도시별로 다시 살펴보면 서울은 상대적으로 낮은 수치를 보이지만, 지속적으로 상승추세를 그리고 있고, 2021년에는 최고치인 0.028 ppm까지 상승하였다. 2016년을 제외하고 항상 가장 높은 수치를 보이는 도시는 4대 도시 중 부산이다. 기본적으로 우상향을 그리고 있으며, 2021년에는 0.033 ppm수치에 도달하게 된다. 불행히도 앞선 논문에서 언급한 기준치인 0.035 ppm에 점점 가까워지고 있으며, 부산 외에 다른 주요 도시들도 이 상태로 지속적인 상승 경향을 보인다면 추후 모두 0.035 ppm에 도달할 것으로 예상된다.

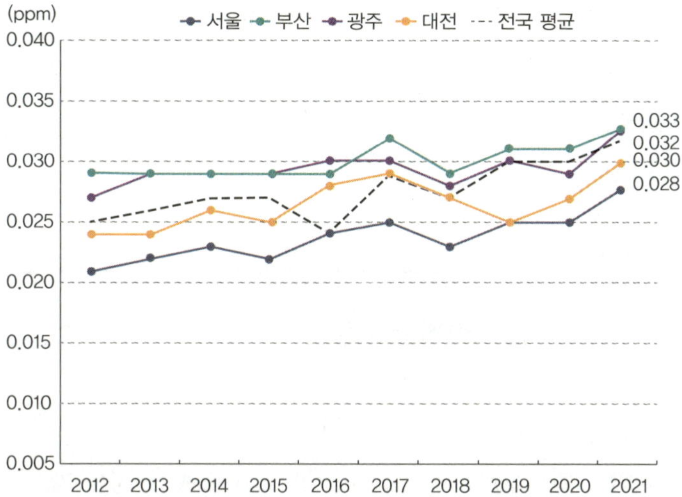

대한민국의 연평균 오존 농도 및 주요도시의 오존 농도(출처: 환경부)

연도별 오존의 시간 최대 농도(ppm)와 시간 최대 농도 지역을 표에서 살펴보면, 심할 경우 오존 농도가 0.2 ppm 이상까지도 상

오존주의보 발령 횟수와 시간 최대 농도 및 시간 최대 농도 지역
(출처: 환경부)

구분	발령일수	시간 최대 농도(ppm)	시간 최대 농도 지역
2012	29	0.163	경북
2013	39	0.179	전남
2014	29	0.188	경남
2015	33	0.177	경기
2016	55	0.183	경남
2017	59	0.198	경남
2018	66	0.200	경남
2019	60	0.218	경기
2020	46	0.209	전남
2021	67	0.208	경북

승하는 것을 볼 수 있다. 시간 최대 농도 지역의 경우 총 60%는 영남지역이었는데, 영남지역에 대규모 산업단지가 많고 항만시설이 발달해 있기 때문인 것으로 추정된다.

질소산화물과 오존

오존이 지표면에서 발생하는 이유는 무엇일까? 주요 원인은 질소산화물(NOx)이다. 질소산화물이 햇빛을 받으면 화학반응을 일으켜서 오존이 형성된다. 따라서 대기 중에 질소산화물 농도가 높을수록, 햇빛이 강할수록 오존 농도는 높아진다. 이때 VOC(휘발성 유기 화합물)가 있을 경우 이 반응이 촉진돼서 더 많은 양의 오존이 생성된다.

그럼 질소산화물은 왜 발생하는 것일까? 바로 고온의 연소과정을 통해 발생하는 것이 주된 원인이다. 그래서 여러분들이 내연기관 자동차를 타고 다니면 질소산화물 배출에 기여하는 것이고, 집에 전기를 사용하는 것 역시 질소산화물 배출에 기여하는 것이다. 대한민국의 전기 생산의 약 60%를 석탄화력발전소와 LNG 발전에 의존하고 있기 때문이다. 게다가 공장이 가동되기 위해서는 에너지가 필수인데 이때 전기를 이용하거나 화석연료를 태우게 되면, 역시 질소산화물이 발생한다. 따라서 우리가 어떤 물건을 구매한다는 것은 곧 질소산화물을 배출하는 것과 동일하다. 게다가 항만시설이 발달한 항구도시의 경우 선박에서 발생하는 질소산화물이 엄청나기 때문에, 산업시설과 항만시설이 발달한 울산과 부산에서 오존 농도가 높은 것은 전혀 이상할 것이 없다.

오존 없는 공기를 마시기 위하여

이런 상황에서 정부는 어떻게 오존을 관리하고 있을까? 먼저 1시간 평균 오존 농도가 0.12 ppm을 넘을 경우, 오존주의보가 발령되고, 0.3 ppm 이상이 되면 오존 경보가 발령되며, 0.5 ppm을 넘어서면 중대경보가 발령된다. 오존경보의 경우 실외활동 자제권고가 내려지고, 중대경보의 경우 휴교 권고를 내림으로써 시민들의 오존노출 정도를 최소화하기 위해서 노력하고 있다. 그런데 문제는 앞선 표에서 나와있는 것처럼 해마다 우리나라의 평균 오존 농도가 증가추세에 있다는 점이다. 평소 오존 노출량이 늘어나 있는 상태에서, 1시간에 0.12 ppm을 넘어섰다고 그제서야 오존주의보를 발령하는 것은 바람직하지 않다. 위해성은 노출 횟수와 노출 시간에 비례하기 때문이다. 평소 이미 오존에 많이 노출된 상태이기 때문에, 오래 전 기준으로 설정한 0.12 ppm, 0.3 ppm, 0.5 ppm이라는 수치는 다시 재조정될 필요가 있다.

게다가 각고의 노력 끝에 질소산화물과 VOC 배출량을 일정하게 유지시킨다 해도, 해마다 지표면의 오존 농도는 증가할 가능성이 높다. 성층권 내 오존층이 점점 파괴됨에 따라 지표면에 내리쬐는 빛의 에너지가 점점 강해지고 있기 때문이다. 따라서 우리가 일정하게 질소산화물의 배출량을 유지시켜도, 햇빛의 강도가 강해지면서 오존의 농도가 더 높아지게 된다.

이런 상황에서 우리가 대통령이라면, 오존 농도가 높아질 때 공장 가동을 멈추고, 자동차를 멈춰 세울 수 있을까? 게다가 수출/수입에 절대적으로 필요한 선박의 운행을 중단할 수 있을까? 그만큼 쉽게 해결하기 어려운 문제이다. 그래도 정부는 오존 농도 상승 추세의 심각성을 인지하고 범국가적 대책을 세우는 것이 시급하다. 국민들은 평소 대중교통 이용을 생활화하고, 과소비를 피하며, 전기 사용을 최소화하는 것이 필요하다. 무엇보다 평소 외출할 때 미세먼지만 체크할 것이 아니라 오존 농도도 늘 신경쓰기를 권한다. 수치가 높은 날에는 야외활동을 자제하는 것이 필요하다. 미세먼지만 문제가 아니라는 것을 꼭 명심하기 바란다!

이산화질소가 ADHD를 유발한다고?

2024년 4월 헬스조선 신문에 충격적인 제목의 기사가 등장했다. '늘어나는 ADHD 이유 있었다. 대기 속 이 물질 때문?'이라는 제목이었다. 최근 교육계에서 자주 언급하는 것이 요즘 학생들의 집중력/주의력 저하 현상인데, 그 원인 중 하나인 ADHD(주의력 결핍 과잉행동 장애, Attention Deficit Hyperactivity Disorder)가 대기 속의 어떤 물질 때문이라니? 사람은 숨을 쉬지 않으면 살 수 없는 생명체인데, 대기 중의 물질이 우리의 뇌에 영향을 미친다는 사실은 매우 충격적이라 할 수 있다.

이산화질소의 독성

해당 기사는 2024년 4월 *Environment International*에 게재된 「Nitrogen dioxide exposure, attentional function, and working memory in children from 4 to 8 years: periods of susceptibility from pregnancy to childhood」란 제목의 논문을 기반으로 작성된 것으로, 결과를 간략히 요약하면 이와 같다. 스페인 연구진은 1,703명의 학령기 아이들을 조사했으며, 생후 처음 2년 동안 이산화질소(NO_2)에 대한 노출이 '주의력 기능 저하'와 관련이 있다는 것을 최초로 밝혀내었다. 특히 이 기간의 노출은 4~6세에 영향을 주었으며, 남자아이들의 경우 6~8세까지도 영향을 끼치는 것으로 보고하였다. 해당 논문에서는 남자아이들의 경우 뇌가 여자아이들보다 느리게 자라기 때문에 더 영향을 많이 받는 것으로 원인을 분석하였다.

이 논문은 이산화질소는 대표적인 공기 오염 물질이기 때문에, 공기오염의 증가가 아이들의 '주의 기능 발달 지연'에 미칠 수 있는 잠재적 영향을 최초로 보고했다는 점에서 주목을 받았다. 이 논문이 발표되면서 이산화질소가 장기간에 걸쳐 아이들에게 영향을 끼치듯이, 이후의 연령층에 미치는 장기적인 효과를 분석하는 연구의 중요성이 부각되었다.

이렇게 아이의 뇌에 미치는 이산화질소의 장기 효과에 대한 연구가 보고되었는데, 단기 독성에 대해서는 성인에 대해서도 이미 연구가 진행된 바 있다. 2022년 6월 같은 저널에 실린 「Short-term NO_2 exposure and cognitive and mental health: A panel study based on a citizen science project in Barcelona, Spain」이라는 논문으로, 단기간의 대기오염 노출이 성인의 인지 및 정신 기능에 영향을 미친다는 것을 보고하였다. 특히 대기오염과 주의력 및 수면의 질 사이의 관련성을 밝혔다. 해당 논문에서는 바르셀로나와 같이 교통량이 많은 도시의 경우 대기오염으로 인한 건강 위험에 대한 우려를 나타내기도 하였다. 결국 대기오염의 주된 원인 중의 하나인 이산화질소는 아이들의 뇌뿐만 아니라 성인의 뇌에도 영향을 미칠 수 있다는 연구가 속속히 밝혀지고 있는 것이다. 심각하게 생각해야 할 문제인 것은 분명하다.

이산화질소의 독성은 이런 뇌 영역 외에도 있을까? 지속적으로 노출될 경우, 폐 기능 감소를 일으키며 호흡기 자극 및 면역체계에도 영향을 미친다. 또한 심혈관 질환 위험을 증가시킬 수 있다는 일부 연구도 있다. 때문에 대기오염 정도를 조사할 때 항상 이산화질소 기체의 농도를 확인하는 것이다.

이산화질소, 어디에서 왔니?

그렇다면 우리가 이산화질소에 노출되는 경로는 어떻게 될까? 가장 주된 원인은 화석연료이다. 석탄이나 LNG같은 화석연료는 연소하면서, 공기 중의 산소(O_2)와 질소(N_2)의 화학반응을 유도하므로 결과적으로 이산화질소(NO_2)가 필연적으로 발생한다. 그래서 내연기관 자동차가 운행될 때 연료의 연소 반응으로 이산화질소가 발생하게 된다. 또한 전기를 생산하기 위해 가동되는 석탄화력발전소 및 LNG발잔소에서도 연료의 연소 과정에서 이산화질소가 발생할 수밖에 없다. 공장에서 물건을 제조하기 위해 전기를 사용하거나 열을 이용하기 위해서 가스를 사용할 때마다 이산화질소는 발생하며, 선박이 움직일 때 사용되는 연료들도 이산화질소를 발생시킬 수밖에 없다. 이런 원인들은 실외 대기오염의 주범이라고 볼 수 있겠다.

가스레인지 vs. 전기레인지

실내에서 이산화질소를 발생시키는 주된 원인은 무엇일까? 바로 가스레인지이다. 가스레인지가 작동될 때, 도시가스의 주성분인 메테인(CH_4)이 연소하게 되는데, 이때의 온도가 약 800~1300℃이다. 이 정도의 고온에서는 공기 중 산소와 질소의 화학반응이 유도되므로 이산화질소가 발생한다. 즉, 가스레인지 작동 시 유해물질인 이산화질소가 발생한다(그 외에도 일산화탄소가 발생한다). 미국화학협회에서도 이런 유해화학물질 배출 때문에 전기레인지 구매를 촉구하는 성명서를 내기도 하였고, 미국에서는 2023년 2월 연방 소비자제품안전위원회(CPSC)가 가스레인지 판매를 전면 금지하는 방안을 고려하기도 하였다.

그동안은 가스레인지에서 발생하는 이산화질소가 폐나 호흡기 등에 안 좋다는 이유로 사용금지를 논해왔지만, 이제는 여기에 뇌에 영향을 주는 이유가 추가된 것이다. 따라서 가급적 전기레인지를 사용하는 것이 바람직하며, 불가피하게 가스레인지를 계속 사용해야 하는 경우라면 반드시 환풍기를 작동시키고, 창문을 열어 환기가 잘되는 환경에서 요리해야 한다. (추신: 전기레인지 역시 전자파 등의 위험성을 안고 있지만, 현재로서는 유해가스 발생으로 인해 가스레인지가 더 위험하다는 의견이 우세하다.)

카드뮴이 심혈관 질환을 일으킬 수 있다고?

카드뮴과 콜레스테롤

건강검진을 받으면 항상 체크하는 것이 있다. 바로 콜레스테롤 수치이다. 특히 '나쁜 콜레스테롤'이라고도 불리는 LDL 콜레스테롤 수치를 꼭 확인한다. LDL콜레스테롤은 우리 몸에서 세포막 구성과 호르몬 생산 등 매우 필요한 역할을 하지만, 수치가 지나치게 높을 경우 심혈관 질환을 일으키거나 대사증후군의 원인이 되기 때문이다. LDL콜레스테롤이 높아지는 원인으로는 트랜스지방의 과한 섭취 등의 안 좋은 식습관, 운동 부족 등이 지목되기도 하고, 유전도 영향을 끼치는 것으로 알려져 있다. 그런데 이외에도 중금속 카드뮴(Cd)이 LDL콜레스테롤과 관련이 있다는 것이 밝혀져 전 세계적으로 화제가 되고 있다.

2024년 3월 학술지 *Environment International*에 발표된 논문인 「Cadmium exposure causes transcriptomic dysregulation in adipose tissue and associated shifts in serum metabolites」에서

는, 마우스와 인간에 대해 카드뮴 노출이 지방조직 및 지질 대사에 미치는 영향을 조사하였다. 그 결과 카드뮴이 마우스의 다양한 지방 조직에 축적된다는 사실이 밝혀졌으며, 이 카드뮴이 지방 조직의 현저한 형태학적 변화를 초래하지는 않았지만, 대사 기능 장애를 일으킬 수 있다는 사실을 보고하였다. 이를 통해 콜레스테롤 수치 등에 영향을 줄 수 있다는 것인데, 실제 인간에 대해서 혈중 카드뮴 수준과 총 콜레스테롤, 중성 지방, LDL콜레스테롤 사이에 상관관계가 있음을 제시하였다. 이 연구결과를 보면 심혈관 질환을 염려하는 사람이라면 카드뮴에 대한 노출을 최소화해야 한다는 것을 알 수 있을 것이다.

식품 속 카드뮴

그럼 우리는 언제 카드뮴에 노출이 될까? 미세먼지 속에도 카드뮴이 존재하지만, 우리 체내에 가장 많은 영향을 끼치는 것은 식품 섭취를 통한 중금속 유입이다. 불행히도 식품별 카드뮴 오염도는 2016년 0.04 ppm에서 2023년 0.043 ppm으로 7.5%나 증가했을 뿐만 아니라 카드뮴 검출률도 2016년 68.9%에서 2023년 76.9%로 증가추세에 있다. 식품의 중금속 오염도가 갈수록 높아지고 있어 심각한 상황에 직면해 있다고 볼 수 있다.

특히 모든 식품을 통틀어 수산물이 카드뮴 농도가 제일 높기 때문에 수산물의 과한 섭취는 각별히 조심하는 것이 바람직하다. 수산물이 카드뮴 농도가 제일 높은 것은 맞지만, 실제 기여율은 백미가 제일 높다는 사실도 잊으면 안 되겠다. 백미 자체의 카드뮴 오염도는 평균 0.033 ppm(2023년 기준) 수준이지만, 섭취량이 151.724 g/day일 정도로 섭취량 자체가 많기 때문에 몸에 유입되는 카드뮴에 기여하는 정도는 백미가 가장 높게 측정되는 것이다. 현미 역시 낮은 섭취량 자체 때문에 기여율이 낮은 것뿐이지, 함유하는 카드뮴의 절대적인 양은 백미와 크게 다를 바 없다(이와 관련해서는 '주방과 식생활' 파트를 참고하라). 즉 현미로 백미를 대체한다고 해서 카드뮴 섭취를 줄일 수 있는 것은 아니라는 뜻이다.

소식이 필요해

카드뮴이 다른 독성 외에 심혈관 질환과도 연관되어 있다는 사실이 밝혀진 만큼 결국 해답은 소식밖에 없다. 그게 아니면 환경오염 문제가 완전히 해결되어 수산물 및 쌀로 유입되는 카드뮴 농도가 획기적으로 줄어들어야 하는데, 아무래도 전자가 더 합리적으로 보인다.

휘발성 유기화합물이 심혈관 질환과 관련이 있다고?

휘발성 유기화합물(Volatile Organic Compounds, VOC)에 대해서 한 번쯤 들어본 사람들이 있을 것이다. 몸에 해롭다는 것은 각종 언론 기사 등을 통해 접해본 사람들이 많을 텐데, 이와 관련해서 최근 새로운 연구결과가 나와 여기에 소개하고자 한다.

VOC의 복합독성

2024년 3월 *Environ. Sci. Technol.*라는 저널에 실린 논문 「Association between Ambient Volatile Organic Compounds Exposome and Emergency Hospital Admissions for Cardiovascular Disease」에서는 최초로 VOC의 구성 요소 간 상호작용을 고려한 복합독성을 보고하였다. 그동안 VOC의 독성은 각각의 개별독성 위주로 연구가 이루어져왔고, 각 개별 물질에 대

해 안전 기준치가 설정돼 왔다. 하지만 우리는 실제로 단일 VOC에만 노출되는 것이 아니다. 상황에 따라 다양한 VOC에 노출될 수밖에 없는데 이에 대한 연구가 부족한 것이 사실이었다. 이 연구는 실제 주변 VOC의 노출 영향을 정량화한 연구라는 것이 매우 큰 의의였다.

연구의 핵심은 n-alkanes, iso/anti-alkanes, aromatic, halogenated aromatic hydrocarbons, halogenated saturated chain hydrocarbons, halogenated unsaturated chain hydrocarbons와 같은 VOC의 노출이 심혈관 질환(CVD) 응급병원 입원율 증가와 관련이 있다는 것이다. 특히 VOC가 주변에 상당히 낮은 농도로 존재해도 심혈관 손상을 일으킬 수 있다는 것이 최초로 밝혀졌다. 그동안은 단일 성분 위주로 독성 및 기준치를 논하다 보니, 항상 특정 농도까지는 안전하다고 생각했었지만, 다양한 VOC가 존재할 경우 매우 낮은 농도로 존재하더라도 그 복합 독성이 우리에게 해를 끼친다는 것이다.

도대체 VOC가 무엇이길래 이렇게 우리에게 큰 영향을 끼치는 것일까? 톨루엔, 폼알데하이드, 아세톤, 스타이렌 등 VOC의 종류는 매우 많으며, 우리는 매일 정도의 차이만 있을 뿐, 늘 VOC에 노출되면서 살아가게 된다. 그럼 언제 VOC에 노출될까? 실외에서는 단연 자동차의 배기가스와 담배연기이다. 자동차 배기가스와 담배연기의 유해성은 대부분 인지하고 있기 때문에 이번 챕터에서는 실내의 VOC에 대해서만 자세히 살펴보자.

사무실의 VOC

대표적인 사무실 속 VOC 배출원은 레이저 프린터이다. 레이터 프린터 속 토너의 핵심은 고분자 소재와 안료인데, 고분자 소재로 폴리스타이렌, 에폭시 수지, 폴리아크릴레이트 등이 사용된다. 예를 들어 폴리스타이렌이 사용됐다면, 레이저 프린터가 작동하는 동안 불가피하게 잔류하고 있던 스타이렌이 휘발돼 공기 중으로 날라갈 수 있다(스타이렌은 신장독성, 간독성, 정자감소, 생리주기 이상 등을 유발할 수 있다). 따라서 사무실이건 집이건 레이저 프린터를 작동시킬 때는 꼭 환기가 되는 조건에서 작동시키는 것이 바람직하고, 사무실 바로 옆자리에 해당 프린터가 있다면, 사람으로부터 멀리 떨어진 곳으로 프린터를 옮기는 것이 바람직하다.

VOC와 새집증후군

또 다른 VOC 배출원은 페인트이다. 페인트에서는 폼알데하이드 같은 VOC가 발생하며, 매우 오랜 기간에 걸쳐서 서서히 빠져나온다. 가정집에서는 벽면에 페인트보다 벽지를 붙이는 경우가 더 많은데, 그렇다고 해서 VOC로부터 자유로운 것은 아니다. 각종 접착성분에도 VOC가 존재하며, 벽지의 염료가 오랫동안 섬유조직에 붙어있게 하기 위해서도 VOC가 사용되기 때문이다. 처음에 페인트 및 벽지에서 특유의 향이 강하게 느껴지는 것이 바로 VOC의 잔류량이 많기 때문이다.

같은 이유로 새로운 의자 등의 가구라든지 가죽가방, 신발 등에서 처음에 특유의 강한 향이 나타나게 된다. 따라서 새집에 들어가거나 실내 인테리어를 새로 했을 경우, 초반에 너무 많은 양의 VOC가 배출되기 때문에 이로 인한 새집증후군이 나타나게 된다. 입주 시에 '베이크 아웃'이라는 과정을 추천하는 것도 이런 이유에서이다. 문을 닫고 보일러를 일정 시간 강하게 틀어둔 뒤에 환기하는 작업을 반복하면서 잔류 VOC를 최대한 빼내는 것이다.

그럼 집에 오래되었거나 최근에 인테리어를 한 적이 없다면 안심해도 되는 것일까? 그렇지도 않다. 앞서 언급한 VOC 성분들은 각종 가구, 벽지, 페인트, 벽장, 가방 등으로부터 천천히 빠져나오는데, 완전히 다 제거되기까지 시간이 오래 걸리기 때문이다. 실제 한 실험에서는 일반 가정집 방 안에 폼알데하이드 측정기를 놓고 문을 닫았더니 서서히 폼알데하이드 수치가 상승하는 것을 확인하기도 하였다. 해당 실험에서 폼알데하이드 외에 다른 VOC도 같이 측정했다면, 더 많은 종류의 VOC가 측정됐을 것이다.

실내라고 안전하지 않다

결국 담배연기나 배기가스로부터 안전한 실내라고 하더라도, 공기 중 VOC의 존재는 피할 수 없다. 따라서 반드시 하루에 3~4회 이상은 완전한 환기를 하는 것이 중요하다. 밖에 미세먼지가 너무 심한 날은 어쩔 수 없겠지만, 환기 후 공기청정기를 다시 작동시키는 한이 있더라도 가급적 환기를 해야 한다. 심혈관 손상에 기여하는 것뿐만 아니라 추후에 또 다른 복합독성이 밝혀질 수 있기 때문에 미리 조심해서 나쁠 것은 없다.

이산화질소가 치매에도 관련이 있다고?

우리나라는 전국 65세 이상 치매환자수가 2020년에 약 84만명에 이르렀으며, 현재 추정치로는 2030년에 약 136만 명에 이르고, 2040년에 약 217만 명, 2050년에는 약 302만 명이 치매환자가 될 것으로 예상되고 있다. 저출산 등의 문제로 인구감소가 본격화될 경우, 2050년에는 우리나라 전체 인구가 약 4700만 명이 될 수 있는데, 그렇다면 전체 인구의 약 6%가 치매환자가 된다는 뜻이다. 100명 중 6명이 치매환자라니! 본인과 해당 가족이 겪을 고통은 이루 말할 수도 없을 뿐만 아니라, 과연 이들을 제대로 돌볼 수 있는 의료체계가 충분할지도 우려되는 상황이다. 이렇게 사회적 비용이 크다 보니 치매 발병률을 최대한 낮추는 것이 국가의 큰 과제라고 할 수 있다.

치매의 원인에 대해서는 전 세계적으로 연구가 많이 되다 보니 다양한 원인들이 지목되어 왔다. 대표적인 것은 유전이며, 그 외에도 혈관질환, 나이, 생활 습관, 수면 부족 등이 원인이 될 수 있음이 밝혀졌다. 그런데 이런 원인들 외에도 다른 것도 원인이 될 수 있다는 것이 최근에 밝혀져 화제를 모으고 있다.

치매의 적 질소산화물

2024년 8월에 *Environment International* 저널에 실린 「Association of ambient air pollution exposure and lifestyle factors with incident dementia in the elderly: A prospective study in the UK biobank」라는 제목의 논문은 영국 고령자를 대상으로 진행한 연구이다. 이 연구에서는 이산화질소, 질소산화물, PM2.5(지름 2.5 마이크로미터 이하의 미세먼지)의 노출과 생활 습관이 치매에 어떤 영향을 미치는 지를 조사하였다. 일반적으로 이산화질소면 이산화질소, 미세먼지면 미세먼지, 이런 식으로 단일독성 및 단일 효과를 조사한 연구결과들이 그동안 주를 이뤘는데, 이번 연구는 NO_2, NO_x 또는 PM2.5 외에도 생활 습관까지도 종합 검토를 했기 때문에, 더 현실성 있는 연구결과라고 할 수 있다.

연구결과로 NO_2, NO_x 또는 PM2.5 노출이 치매 발병을 유발한다는 상관관계가 도출되었는데, 낮은 신체 활동, 불량한 수면 패턴과 흡연은 치매 발병에 공동으로 영향을 미친다는 사실을 밝혔다. 한마디로 이산화질소 등과 같은 유해물질에 노출되더라도 신체 활동이 적거나, 수면패턴이 안 좋거나, 흡연까지 같이 할 경우 더 악

영향을 미친다는 의미이다.

이산화질소를 피하라

연구의 결론은, 이산화질소와 같은 유해물질에 대한 노출을 최소화하는 것도 중요하지만 생활 습관 역시 중요하다는 사실이다. 거꾸로 얘기하면, 생활 습관이 좋아도 이산화질소와 같은 유해물질에 많이 노출되면 치매에 영향을 미친다는 의미이기도 하다. 결국 이러한 유해물질에 대한 노출 역시 최대한 피하는 것이 중요하다. 실제로도 같은 저널 2022년호에 이산화질소와 같은 대기오염 물질에 단기간으로 노출돼도 성인의 인지 및 정신 기능이 영향을 받는다는 연구결과가 발표된 바 있었는데 (Environment International, 2022, 164, 107284), 이 연구결과를 보면 최근 이산화질소와 치매의 상관성은 그리 놀랄 만한 일이 아닐 수도 있겠다.

그렇다면 이산화질소에의 노출을 줄일 수 있는 방법은 무엇이 있을까? 실외에서는 자동차 배기가스와 담배연기가 주요 노출원이다. 따라서 실내에서 주로 생활하는 사람보다는 실외에서 주로 생활하는 사람이 더 위험에 노출돼 있는 것은 분명한 사실이다. 그렇다면 실내에서 주로 생활하는 사람은 괜찮을까? 불행히도 그렇지가 않다. 앞서 다른 챕터에서 언급했듯이 가스레인지를 사용하게

가스레인지를 사용할 때는 환풍기를 사용하고 창문을 열어 환기하도록 하자.

되면 무조건 이산화질소에 노출될 수밖에 없다. 가스불의 온도는 800~1300℃에 이를 정도로 매우 높기 때문에, 공기 중에 존재하는 산소와 질소의 화학반응을 유도한다. 그 결과로 이산화질소가 발생하는 것이다. 즉 전기레인지 앞에서 요리하는 사람보다, 가스레인지 앞에서 요리하는 사람이 더 이산화질소에 노출된다. 그러므로 가급적 전기레인지로 교체하는 것이 바람직하고 불가피하게 가스레인지를 사용해야 한다면, 환풍기 작동 및 창문 개방 등 공기 순환을 위한 조치를 잘 취해놓기를 권한다.

그렇다면 전기레인지를 사용하는 사람은 마냥 괜찮을까? 요리할 때는 괜찮을 수 있겠지만, 꼭 가스레인지에서만 이산화질소가 발생하는 것은 아니다. 가스보일러가 작동될 때도 이산화질소가 발생된다. 물론 발생된 이산화질소는 연통을 통해서 배출되도록 구성되지만, 연통 자체가 손상되거나 이음새의 접착 필름이 노후화되면서 이산화질소 누출이 생길 수 있다. 가스보일러는 주로 다용도실에 놓여 있는데, 다용도실에서 발생한 이산화질소 등과 같은 유해물질들이 미세한 틈을 타고 인접한 방으로 유입될 수도 있음을 인지하기 바란다. 실제 간간이 터지는 보일러 관련 질식 사건을 생각하면, 발생한 유해기체들이 방 안으로 유입될 가능성은 원천 차단해야만 한다. 따라서 연통의 연결상태 등이 노후화되지는 않았는지 정기적으로 검사해야 하며, 문제 발생 시 관련 가스업체에 연락해서 최대한 빨리 조치를 취해야 한다. 뿐만 아니라 여전히 가스난로가 집 안에서 쓰이는 경우가 많은데, 절대 실내에서는 사용을 해서는 안 되겠다. 가스레인지와 유사하게 가스난로에서도 유해한 이산화질소 등이 발생하니, 가급적 환기가 잘되는 야외에서만 사용하기를 추천한다.

캘리포니아에는 있고 한국에는 없는 것은?

세계에서 가장 큰 경제 규모를 자랑하는 미국은 50개의 주(state)로 이루어져 있다. 사실상 50개의 개별적인 나라가 있다고 봐도 될 정도로 각 주마다 법도 다르며, 경제규모도 차이가 매우 크다. 그 중 캘리포니아(California)주는 50개 주 중에서도 가장 경제 규모가 큰데, 2023년 기준으로는 전 세계에서 5위를 차지할 정도이다. 한마디로 세계 10위권의 경제부국으로 분류되는 우리나라보다도 캘리포니아주 하나의 경제규모가 크다는 뜻이다. 그러다 보니, 캘리포니아주에서 추진하는 새로운 법들과 정책을 다른 주에서 참고해서 관련 정책을 추진하는 경우가 많다. 그래서 항상 캘리포니아주의 새로운 정책들은 미국 내에서 많은 관심의 대상이 된다. 특히 환경/보건 분야에서 늘 앞장서서 정책을 추진하는 경우가 많기 때문에, 우리나라 입장에서도 향후 관련 정책을 추진할 때 참고가 될 것으로 생각된다. 그래서 이번 챕터에서는 캘리포니아주에서는 시행하거나 시행예정인 정책들을 알아보고, 그에 맞춰 대한민국의 상황도 같이 비교해보고자 한다.

수산물 속 중금속 경고

미국 캘리포니아주에서 수산물을 구매하면 다음과 같은 문구가 붙어 있다.

> Warning: Consuming this product can expose you to chemicals including lead, cadmium, and arsenic, which are known to the State of California to cause cancer and birth defects or other reproductive harm.

한국에서 수입하거나 한 제품일 경우에는 한국어로도 적혀있다.

> 경고: 이 제품을 섭취하는 경우 캘리포니아주에서 발암, 선천성 장애, 기타 생식기능에 유해한 것으로 알려진 납, 카드뮴, 비소와 같은 화학물질에 노출될 수 있습니다.

같은 제품이어도 한국에서는 이런 문구를 기재할 필요가 없지만, 미국에서 판매가 될 경우, 무조건 해당 문구를 기재해야 한다. 실제 2020년 12월에는 캘리포니아주가 5개의 해산물 회사를 고소한 일이 있었는데, 그 이유는 제품에 함유된 납과 카드뮴 등에 대한 위험성을 경고하지 않았기 때문이었다. 단지 경고를 하지 않았다는 이유만으로 경고도 아닌 고소까지 진행했다는 것은 시사하는 바가 크다. 이미 수산물의 높은 중금속 농도를 여러 차례 언급한 바 있는데, 우리나라에서는 해당 사실을 경고하는 것은 찾아볼 수 없을 뿐만 아니라 인체 노출 안전기준에 따라 현재 노출 수준은 안전한 편이라는 것만 강조하고 있다. 캘리포니아주는 수산물 섭취량이 우리나라보다 적은데도 이런 경고를 하고 있다는 점을 진지하게 생각해볼 필요가 있다.

테마파크 경고

미국에서 만난 한 지인의 에피소드다. 테마파크의 연간 회원권을 구매하려고 하는데, 모든 정보를 다 입력한 뒤, 마지막 단계에서 어떤 동의를 요구하는 문구를 보았다고 한다. 그 동의는 '이 테마파크를 이용할 경우, 납(Pb)에 노출될 수 있다는 것을 인지합니다'였다고 한다. 그 순간 연간회원권 구매를 잠시 망설였는데, 테마파크를 이용하면 내 자녀가 중금속에 노출될 수 있다고 생각하니 쉽게 그 버튼을 누를 수 없었다고 했다. 게다가 한국에서 단 한 번도 이런 경고문구를 본 적이 없다 보니 망설였던 것은 어떻게 보면 당연했으리라.

그럼 왜 테마파크에 이런 무시무시한 경고문구가 있는 것일까? 주된 이유는 놀이터 바닥에 깔려 있는 고무매트나 페인트 때문이다. 페인트나 고무매트에는 내구성 향상과 색을 더 선명하게 하기 위해서 납 성분이 들어가 있다. 시간이 지나거나 마찰 등에 의해서 이런 소재들이 조금씩 분해되면서 납 성분이 노출되고, 바람을 타고 호흡기로 유입될 수 있다. 거꾸로 얘기하면, 나중에 이로 인해 어떤 문제가 발생해도 책임을 지지 않는다는 뜻이기도 하니, 기업에게는 경고에 대한 의무사항을 지우는 것이고, 소비자에게도 위험성을 인식하고 판단/선택하라는 메시지를 던지는 것이다.

식용색소 적색3호 금지

2023년 2월 캘리포니아주 의회는 50개 주 최초로 특정 식품첨가물의 사용금지 법안을 제출했으며, 23년 10월에 이 법안이 최종 승인이 되면서, 2024년 1월 1일부터 적용되었다. 금지된 특정 식품첨가물 중에서 눈에 띄는 것은 식용색소로 널리 사용되는 적색3호이다. 적색3호는 우리나라에서도 사탕, 빵, 콜라, 인절미, 아이스크림, 초콜릿 등에 널리 사용되고 있는데, 캘리포니아에서 사용금지라니? 그 이유는 캘리포니아 환경 건강 위험 평가국(California office of environmental health hazard assessment)에서 이 적색3호가 어린이에게 과잉 행동/기타 신경행동 문제와 연관이 있다고 밝혔으며, 쥐를 대상으로 한 암(cancer) 연구에서 고용량으로 투입할 경우 부정적인 영향이 있는 것으로 나타났기 때문이다.

우리나라는 어떨까? 우리나라는 과자, 캔디류/추잉껌/빙과/빵류, 떡류, 만두/기타 코코아가공품, 초콜릿류/기타잼, 기타설탕, 기타엿/소시지류/어육소시지, 과·채음료, 탄산음료, 기타음료/소스/젓

갈류(명란젓에 한함), 절임류(단무지는 제외), 주류(탁주, 약주, 소주, 주정을 첨가하지 않은 청주 제외), 즉석섭취식품/곡류가공품, 전분가공품, 기타 식용유지가공품, 기타 수산물가공품, 기타가공품, 당류가공품, 건강기능식품(정제의 제피 또는 캡슐에 한함), 캡슐류, 아이스크림류, 아이스크림믹스류 등에 대해 적색3호의 사용이 기준치 내에서 허가되어 있다. 앞서 열거한 품목들을 보면, 거의 대부분의 음식에 써도 된다는 것을 알 수 있을 것이다. 그러나 현재의 기준치라는 것은 시간이 지나면 바뀔 수 있다. 적색3호 색소의 금지가 미국 전체 주로 확대/시행될 수 있는 것을 감안한다면, 추후 국내에서도 금지될 가능성이 없지는 않다. 어린이에게 해당 색소가 들어간 식품의 과한 섭취는 자제시키는 것이 바람직할 것이다.

가스레인지 퇴출 추진

미국 캘리포니아주와 뉴욕주는 가스레인지의 퇴출을 추진하고 있다. 2024년 7월 기준 치열한 법적 공방이 진행 중이며, 나중에 어떻게 결론이 지어질 지는 더 지켜봐야 한다. 그럼 캘리포니아주는 왜 가스레인지를 퇴출하려고 했을까? 가스레인지를 작동만 해도 일산화탄소, 이산화질소 등과 같은 유해물질 배출이 필연적으로 발생하기 때문이다. 이런 이유로 소비자의 안전을 위해 퇴출을 추진 중인데, 이와 관련해 우리나라 정부는 아직 어떤 입장도 없는 상황이다.

일회용 포장재/식기류의 재활용 의무

캘리포니아주는 2032년까지 업계 수행 사항을 공지했는데, 바로 모든 일회용 플라스틱 포장재/식기류는 65% 재활용이 의무라는 것이다. 우리나라는 최근(2023년 말) 이와 반대로 일회용품 규제를 오히려 완화해서 논란이 되었다. 일회용품 종이컵과 플라스틱 빨대는 1년간의 계도 기간 후에 전면 금지시키려고 했으나, 대체품의 불편함과 소상공인들의 반발 등으로 인해 사실상 계속해서 사용할 수 있게 하였다. 캘리포니아주의 움직임은 재활용 의무 등을 통해서 일회용품의 사용을 점차 불편하게 만들어, 사용량을 줄여 나가려는 의도로 풀이된다. 완전히 같은 정책을 도입할 수는 없겠지만, 그 의도와 취지를 우리나라에 맞게 살릴 수 있는 방법을 정책 입안자들이 잘 고려할 수 있기를 바랄 뿐이다.

갑상선에 영향을 줄 수 있는 화장품 성분은?

리튬(Li)은 그동안 대중들에게 친숙한 단어가 아니었다. 나트륨(Na)은 고혈압과 관련이 있다는 얘기를 여러 대중매체들을 통해서 귀에 못이 박히도록 들어왔지만, 리튬은 관련분야 종사자 외에는 다소 생소했다. 그런데 최근에는 이 리튬이란 단어가 어느 순간부터 매체 등을 통해서 자주 등장하였고, 이에 따라 이를 알고 있는 사람들도 늘어났다. 그 이유는 배터리 때문이다. 전기차 시대가 도래하면서, 이의 필수 부품인 배터리가 큰 관심을 받게 되었다. 전기차를 구매하거나 배터리 관련 주식에 투자하는 사람들이 늘어나면서, 리튬 배터리라는 말이 꽤나 친숙하게 된 것이다. 뿐만 아니라 전 세계적으로 리튬을 확보하기 위한 경쟁이 치열해지면서 관련한 기사들도 쏟아졌다.

리튬의 독성 연구

이제는 친숙해진 리튬에 대한 독성 연구는 충분히 이루어져 있을까? 다른 원소들에 비해서 상대적으로 대중들이 흔히 접하는 원소가 아니기 때문에, 다양한 조건 및 복합독성들이 충분히 연구되지 않았던 것이 사실이다. 이런 상황 속에서 2024년 6월, 저널 *Environment International*에 실린 하나의 논문은 시사점을 던져주었다. 「Lithium and endocrine disruption: A concern for human health?」라는 제목의 연구에서, 리튬은 인간/실험 동물 대상으로 갑상선 시스템 파괴에 기여한다는 것이 밝혀졌다. 또한 산업에서 리튬 사용이 증가함에 따라 건강 문제가 제기된다고 강조하고 있다.

전기차가 본격적으로 보급되면서, 리튬 배터리의 제조와 사용이 폭발적으로 늘어나고 있다. 이에 따라 리튬이 폐수 등을 통해 강과 바다로 흘러들어갈 뿐만 아니라 폐배터리를 통해서 환경으로 많이 배출될 것이 예견되고 있다. 그래서 이렇게 리튬에 대한 위험성을 경고한 연구결과는 향후 우리가 어떠한 방향으로 정책을 세워야 하는지에 대한 지침을 제공한다고 볼 수 있다.

의학에도 리튬이?

리튬은 의학분야에서도 쓰이기 때문에 걱정할 필요가 없다고 생각할 수도 있다. 실제 정신의학과에서 리튬을 리튬 탄산염(lithium carbonate)이나 구연산 리튬(lithium citrate)의 형태로 처방하는 것은 사실이다. 그럼 약으로 쓰이는 리튬이니 괜찮을 것일까? 모든 약은 부작용을 갖고 있기 때문에, 의사의 처방이나 약사의 복약지도가 필요한 법이다. 치료 용량의 리튬 양도 갑상선 시스템을 교란시킨다는(Czarnywojtek et al., 2020) 연구결과도 있기 때문에, 정신의학계에서도 해당 약을 처방할 때는 신중을 기한다는 사실을 잊으면 안되겠다.

리튬에 대처하는 방법

이처럼 리튬에 대해 다양한 조건 및 복합독성에 관한 연구가 충분하지 않은 상태에서 전기차 시대를 맞이하는 우리는 어떻게 대처해야 할까? 가장 중요한 역할은 정부가 해야 한다. 향후 리튬 사용량 증가에 따라 환경에서 검출되는 양이 늘어날 것은 명약관화하기 때문에, 안전 기준치를 넘지 않도록 철저히 관리하는 것이 필요하다 하겠다. 특히 가장 많이 노출될 수 있는 식수나 곡물 등의 엄격한 관리가 요구된다.

개인은 어떻게 대처할 수 있을까? 리튬을 우리가 접하는 경로는 배터리만이 아니다. 리튬은 스테아르산 리튬(lithium stearate)의 형태로 화장품에 사용되고 있다. 화장품 성분들이 뭉치는 현상을 막아주는 안티케이킹제 역할을 위해 사용되며, 그 외에도 결합제, 미끄럼조정제, 점도증가제(비수성), 활택제 등의 역할을 하는, 합법적인 화장품 성분이다. 당연히 독성에 대한 충분한 연구를 통해 사용이 허용된 성분인데, 문제는 그 독성연구가 주로 피부독성에 관한 것이란 것이다.

우리는 은연 중에 화장품을 먹게 될 수 있다. 과거 어떤 기자가 방송을 위해서 카메라를 설치한 뒤, 직원들이 얼굴을 무의식 중에 얼마나 만지는지를 관찰할 적이 있었는데, 실제 수시로 얼굴을 만지는 경우가 많다는 사실이 관찰됐었다. 특히 여성들은 머리를 넘기는 과정에서 자주 만졌으며, 수시로 얼굴을 손바닥으로 탁탁 치기도 했고, 화장품을 바른 뒤, 제대로 손을 씻지 않는 것도 확인됐다. 화장품이 손에 묻어 있는 채로 과자나 빵 등을 집어먹게 되면, 우리는 은연 중에 화장품 성분을 먹게 되는 것이다(립스틱은 말할 것도 없다).

스테아르산 리튬이라는 화장품 성분 자체에 대해서는 공포감을 가질 필요는 없지만, 복합독성 등이 충분히 연구되지 않은 상태에서 섭취를 최소화할 필요는 있다. 어렵게 생각할 것은 없다. 먹으라고 만든 게 아니면 안 먹으면 된다. 은연 중에 화장품 바른 얼굴을 만지는 습관을 줄이고, 화장품을 바른 뒤 충분히 손을 씻어주는 습관만 들이면, 리튬에 대해 걱정은 내려놓아도 되겠다.

새 옷, 빨아 입어요

최근 필자는 미국 옷 매장과 한국 옷 매장에서 소비자들의 모습을 보고 크게 놀랐다. 매장에서 새 옷을 구매한 뒤, 피팅룸에 가서 바로 새 옷으로 갈아입고 매장 문을 나서는 모습이다. 뿐만 아니라 각종 관광지에 항상 있는 각종 기념품샵에서조차도 기념 티셔츠를 구매한 뒤, 아무렇지 않게 그대로 입고 나가는 모습을 매우 쉽게 관찰할 수 있었다. 필자가 이런 모습을 보고 크게 놀란 이유는 무엇일까?

새 옷 속의 폼알데하이드

과거 한 방송국의 뉴스를 위해 새 옷을 가지고 실험을 한 적이 있었다. 새 옷에서 1군 발암물질인 폼알데하이드가 관찰되는지를 알아보는 실험이었는데, 놀랍게도 해당 실험에서는 무려 80% 이상의 새 옷에서 폼알데하이드가 관찰되었다. 해당 뉴스가 방송된 이 후, 많은 이들이 이 사실을 알고 있을 것으로 예상

했지만, 이는 필자의 잘못된 생각이었던 것이다.

피부에 닿을 경우 알레르기나 발진 등을 유발하는 발암물질 폼알데하이드는 왜 새 옷에 들어있는 것일까? 옷 제조업체에서 법을 위반해서 그런 것일까? 결론부터 말하면, 이 물질을 사용하는 것은 불법이 아니다. 이 물질이 사용되는 이유는 여러 가지가 있는데, 대표적으로는 구김방지, 곰팡이 방지, 견뢰도 향상을 위해서이다. 폼알데하이드 처리를 통해서 섬유의 구김을 방지하여야 매장에서 판매되는 새 옷이 쫙 펴진 상태로 유지될 수 있다. 또 습한 날씨에도 곰팡이 냄새를 맡을 수 없는 것 역시 폼알데하이드 덕분이다. 옷의 염료가 섬유 내에서 안정적으로 존재해야 수차례 세탁에도 견딜 수 있는데, 이를 위해서도 폼알데하이드를 이용한 화학물질이 사용된다. 이런 이유 때문에 폼알데하이드는 옷에서 빠질 수 없는 화학물질인 것이다. 다만 반응에 참여하고 있지 않은 폼알데하이드는 서서히 공기 중으로 빠져나오게 되고, 새 옷에서 나는 특유의 냄새의 원인이 된다. 폼알데하이드가 공기 중에 존재하기 때문에 옷 매장에서는 특유의 냄새를 피할 수가 없게 되는 것이다.

장기간 노출의 위험성

공기 중의 폼알데하이드를 다소 우습게 생각하는 경우가 있는데 이는 바람직한 자세가 아니다. 삼성 백혈병 사건을 예로 들어보자. 삼성에서 근무하던 한 여성 근로자는 벤젠을 다루는 일을 했는데, 몇 달만에 백혈병에 걸리는 사건이 발생했고, 해당 사업장에서는 같은 병에 걸린 근로자들이 이어서 나타났다. 이들은 발암물질인 벤젠을 마신 적도 없지만, 고농도 기체에 지속적으로 노출되어 흡입하게 되면서, 짧은 기간임에도 불구하고 백혈병에 걸린 것이다. 해당 사건은 비록 고농도로 지속적으로 노출된 사건이었지만, 저농도로 지속적으로 노출되어도 노출된 만큼 우리 몸은 해를 입는다는 사실을 기억해야 하겠다.

따라서 옷 매장에 한 달에 1~2번 가는 일반 소비자보다는, 매장에서 하루 8시간 이상을 일하면서 지속적으로 폼알데하이드에 노출되는 근로자들이 더욱 주의해야 한다. 해당 근로자들을 위한 각종 환기 관련된 법안이나 행정명령이 절실한 상황이다.

대형 의류 매장에서 오래 일하면 폼알데하이드에 더 쉽게 노출될 수 있다.

이제 여러분들은 왜 새 청바지를 입었을 때 각종 피부 트러블을 호소하는 사람들이 주변에 있었는지를 알게 되었을 것이다. 새 옷이라고 모든 측면에서 깨끗한 것은 아니며, 꼭 세탁 후 입는 것을 권한다. 특히 임산부는 대형 옷 매장의 출입을 자제하는 것이 바람직하다. 새 옷을 여러 벌 구매한 뒤, 그대로 옷장 안에 두는 행위 역시 자제해야 한다. 서서히 폼알데하이드가 빠져나오면서, 우리의 건강을 위협할 수 있기 때문이다. 새 옷은 꼭 세탁한 뒤 입자.

복합독성의 위력

중금속, 과불화화합물, 프탈레이트 가소제 등 우리가 노출된 다양한 화학물질에 대해서 정부는 모두 기준치 이하이기 때문에 늘 안전하다고 말을 해왔다. 그런데 2024년 8월 *Environment International*이라는 저널에 「Personalized mixture toxicity testing: A proof of principle in vitro study to evaluate the steroidogenic effects of reconstructed contaminant mixtures measured in blood of individual adults」라는 제목의 논문이 게재되었는데, 기존의 화학적 위험평가는 주로 단일 물질에 중점을 두고 있다는 점을 비판하고 있다. 실제 우리는 다양한 화학물질에 동시에 노출되기 때문이며, 이러한 혼합물의 독성은 단일 물질에 대한 독성만으로 예측하기 어렵기 때문에, 직접 복합독성을 조사해야 한다는 것이다. 그래서 해당 연구진은 스웨덴의 특정 성인 코호트•의 혈액에서 측정된 24가지 지속성 유기오염물질(POP)를 재구성하여, 스테로이드 생성에 미치는 영향을 평가하였다.

• **코호트**: 집단, 무리 등의 뜻으로 특정한 행동양식 등을 공유하는 집단을 말한다.

유기오염물질과 테스토스테론

발견된 24가지 유해화학물질은 크게 4가지로 분류되는데, 각각 Polychlorinated Biphenyls(PCB), 과불화화합물(PFAS), 유기염소계 농약(OCP, Organochlorine Pesticides), Polybrominated Diphenyl Ethers(PBDE)이었다. 해당 연구진들은 인체에서 발견된 24개의 화학물질을 여러 조합으로 총 12종류의 혼합물을 제조했으며, 실제 인체 노출농도가 같게 만든 경우는 1배라고 칭하고, 10배, 100배의 농도로도 테스트를 진행하였다.

결과는 충격적이었다. 특정 혼합물에서는 1배 농도(인체와 동일한 농도)에서도 테스토스테론 호르몬의 합성을 11~15% 증가시키는 것으로 확인되었다. 테스토스테론 수치는 운동이나 스트레스 등 의해 변하는데, 단순히 이런 오염물질에 노출된 것만으로도 11~15%가 증가할 수 있다는 것은 놀라운 결과라고 할 수 있다.

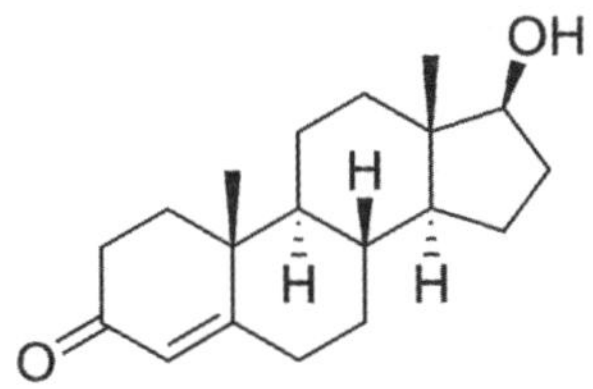

테스토스테론 호르몬의 화학구조

테스토스테론 증가의 유해성

테스토스테론의 농도가 비정상적으로 증가하면 인체에 다양한 해를 끼친다. 남성의 경우, 여드름 등의 피부문제가 발생하며, 머리카락 손실에 의한 탈모 유발, 공격성, 짜증, 불안 등의 기분 변화를 초래할 수 있다. 장기적인 증가가 일어나면 심혈관 위험이 증가할 수 있다고도 알려져 있다. 여성의 경우 남성형 탈모, 다모증, 생리 불순, 배란 방해로 인한 불임 유발도 가능하다고 알려져 있다. 물론 대략 20% 이상 증가해야 비정상 범주로 간주하므로, 11~15%의 변화가 적은 수치라고 생각할 수 있다. 그러나 유해화학물질만으로 이런 수치 변화를 유발했다는 것을 간과하지 않아야 한다. 게다가 연구진은 우리 몸에서 오직 24가지만 확인했을 뿐이며, 중금속 등 꾸준히 문제가 제기되었던 화합물들은 조사되지 않았다. 다른 물질들까지 포함한 복합독성 실험에 의해서는 비정상 범주인 20% 이상으로 증가할 수도 있기 때문에, 유해화학물질에 최대한 노출되지 말아야 된다는 사실은 아무리 강조해도 지나치지 않는다.

결국 해당 연구는 유해화학물질의 단일독성에만 초점을 둔 기존의 안전 기준치는 언제든지 수정될 수 있다는 점을 피력하고 있다. 그렇다고 우리가 막연한 공포감에 휩싸여 있을 필요는 없다. 적어도 위험성이 점차 밝혀져 나가고 있는 중금속, 과불화화합물(PFAS), 농약, 환경호르몬, 아크릴아마이드, PAH 등에 대해서 노출을 최소화하기 위해 노력하면 되는 것이다. 예를 들어 고온의 튀긴 음식에서 많이 발생하는 아크릴아마이드 섭취를 줄이기 위해서, 튀김보다 가급적 삶은 음식을 선택하거나 삶아서 요리하는 조리법을 더 즐겨보는 것은 어떨까.

맺음말

현대 사회에서 화학물질은 편리함을 제공하면서도 동시에 잠재적인 위험을 내포하고 있다. 이 책에서는 일상에서 흔히 접할 수 있는 다양한 화학물질과 관련된 오해와 진실을 탐구하며, 우리가 무엇을 주의하고 어떻게 행동해야 할지에 대해 고찰해보았다.

우리가 매일 사용하는 제품들 속 화학물질에 대한 지나친 공포는 불필요한 스트레스를 초래할 수 있다. 그러나, 과학적으로 밝혀진 독성 물질이나 복합적인 노출로 인해 발생할 수 있는 위험을 간과해서도 안 된다. 특히, 과불화화합물 및 중금속과 같은 물질들의 환경과 인체에 미치는 영향이 최근의 연구들을 통해 점차 명확하게 규명되고 있으므로, 이를 줄이기 위한 실질적인 행동이 필요하다.

이 책을 통해 화학물질에 대한 지나친 두려움을 넘어, 과학적 근거를 바탕으로 안전하고 현명한 선택을 할 수 있는 계기를 마련했기를 바란다. 더 나아가, 화학물질 관리와 관련된 사회적 논의가 지속적으로 이루어져, 우리 모두가 더 건강하고 안전한 환경에서 살아갈 수 있기를 기대한다.

참고문헌

1장 » 물과 바다

1. Naixin Qian 외, 「Rapid single-particle chemical imaging of nanoplastics by SRS microscopy」, *PNAS*, 121, 3, 2024.
2. https://www.brita.com
3. https://www.ewg.org
4. 『2022 과불화화합물 통합위해성평가』, 식품의약품안전평가원, 2022.
5. 『식품의 중금속 기준·규격 재평가 보고서』, 식품의약품안전처, 2017.
6. 『식품의 중금속 기준·규격 재평가 보고서』, 식품의약품안전처, 2024.
7. "생선 내장서 살코기보다 과불화화합물 10개 검출", 〈SBS〉, 2024. 05. 31.
8. Yukiko Fujii 외, 「Levels and spatial profile of per- and polyfluoroalkyl substances in edible shrimp products from Japan and neighbouring countries; a potential source of dietary exposure to humans」, *Environmet International*, 189, 2024.

2장 » 주방과 식생활

1. 『식품의 중금속 기준·규격 재평가 보고서』, 식품의약품안전처, 2024.
2. Liting Hua 외, 「Urinary Metabolites of Polycyclic Aromatic Hydrocarbons of Rural Population in Northwestern China: Oxidative Stress and Health Risk Assessment」, *Environmental Science & Technology*, 58, 18, 2024.
3. https://www.thelancet.com/commissions/EAT

4. Stephanie Pitt 외, 「Adherence to the EAT-Lancet diet in relation to mortality and exposure to food contaminants in population-based cohorts of Swedish men and women」, *Environment International*, 184, 2024.

5. Yuchao Guo 외, 「Acr ylamide-Aggregated Liver Injur y by Activating Endoplasmic Reticulum Stress in Female Mice with Diabetes」, *Chemical Research in Toxicology*, 37, 5, 2024.

6. Haohao Liu 외, 「Co-exposure of microcystin and nitrite enhanced spermatogenic disorders: The role of mtROS-mediated pyroptosis and apoptosis」, *Environment International*, 188, 2024.

7. Maria P. Kalaitzidou 외, 「First report of detection of microcystins in farmed mediterranean mussels Mytilus galloprovincialis in Thermaikos gulf in Greece」, *Journal of Biological Research-Thessaloniki*, 28, 8, 2021.

8. SC Larsson 외, 「Red and processed meat consumption and risk of pancreatic cancer: meta-analysis of prospective studies」, *British Journla of Cancer*, 106, 3, 2012.

9. M. Witowski 외, 「Xylitol is prothrombotic and associated with cardiovascular risk」, *European Heart Journal*, 45, 27, 2024.

10. 강지수 외, 「Relationship between the use of plastics in refrigerator food storage and urine phthalate metabolites: the Korean National Environmental Health Survey (KoNEHS) cycle 3」, 『대한직업환경의학회지』, 35, 2023.

11. 안지원 외, 「Rapid Assessment of Di(2-ethylhexyl) Phthalate Migration from Consumer PVC products」, *Toxic*, 12, 1, 2023.

12. Priya Gupta 외, 「Sorption of PFOS onto polystyrene microplastics potentiates synergistic toxic effects during zebrafish embryogenesis and neurodevelopment」, *Chemosphere*, 366, 2024.

3장 » 미세먼지와 미세플라스틱

1. 『식품의 중금속 기준·규격 재평가 보고서』, 식품의약품안전처, 2017.
2. Jamie Leonard 외, 「Preferential Emission of Microplastics for Biosolid-Applied Agricultural Soils: Field Evidence and Theoretical Framework」, *Environmental Science & Technology Letters*, 11, 2, 2024.
3. Qian Li 외, 「Aged polystyrene microplastics exacerbate alopecia associated with tight junction injuries and apoptosis via oxidative stress pathway in skin」, *Environment International*, 186, 2024.
4. João Paulo Assis Silva 외, 「Bisphenol-S promotes endocrine disrupting effects similar to those promoted by bisphenol-A in the prostate of adult gerbils」, *Reproductive Toxicology*, 85, 2019.
5. Yue Gao 외, 「Association of Bisphenols Exposure and Hyperuricemia Based on Human Investigation and Animal Experiments」, *Environmental Science & Technology*, 58, 12, 2024.
6. Zhichun Zhang 외, 「Continuous Oral Exposure to Micro- and Nanoplastics Induced Gut Microbiotadysbiosis, Intestinal Barrier and Immune Dysfunction in Adult Mice」, *Environmental International*, 182, 2023.
7. 강지수 외, 「Relationship between the use of plastics in refrigerator food storage and urine phthalate metabolites: the Korean National Environmental Health Survey (KoNEHS) cycle 3」, 『대한직업환경의학회지』, 35, 2023.
8. Danyang Zhan 외, 「Intergenerational metabolism-disrupting effects of maternal exposure to plasticizer acetyl tributyl citrate (ATBC)」, *Environment International*, 191, 2024.
9. Mengan Liu 외, 「From e-waste to living space: Flame retardants contaminating household items add to concern about plastic

recycling」, *Chemosphere*, 365, 2024.

4장 » 일상생활

1. Michelle C. Turner 외, 「Long-Term Ozone Exposure and Mortality in a Large Prospective Study」, *American Journal of Respiratory and Critical Care Medicine*, 193, 10, 2016.
2. Kellie L.H.A. Crooijmans 외, 「Nitrogen dioxide exposure, attentional function, and working memory in children from 4 to 8 years: Periods of susceptibility from pregnancy to childhood」, *Environment International*, 186, 2024.
3. Florence Gignac 외, 「Short-term NO_2 exposure and cognitive and mental health: A panel study based on a citizen science project in Barcelona, Spain」, Environment International, 164, 2024.
4. Yi zhu 외, 「Cadmium exposure causes transcriptomic dysregulation in adipose tissue and associated shifts in serum metabolites」, *Environment International*, 185, 2024.
5. Mengxue Zhang 외, 「Association between Ambient Volatile Organic Compounds Exposome and Emergency Hospital Admissions for Cardiovascular Disease」, *Environmental Science & Technology*, 58, 13, 2024.
6. Yichi Zhang 외, 「Associations of ambient air pollution exposure and lifestyle factors with incident dementia in the elderly: A prospective study in the UK Biobank」, *Environment International*, 190, 2024.
7. Nicolas Chevalier 외, 「Lithium and endocrine disruption: A concern for human health?」, *Environment International*, 190, 2024.
8. Denise Strand 외, 「Personalized mixture toxicity testing: A proof-

of-principle in vitro study evaluating the steroidogenic effects of reconstructed contaminant mixtures measured in blood of individual adults」, *Environment International*, 192, 2024.

생활 속 화학 오해와 진실

일상에서 만나는 39가지 올바른 화학이야기

저 자 강상욱
발 행 인 김지영
발 행 처 자유아카데미
주 소 경기도 파주시 회동길 37-42
파주출판도시
전 화 031-955-1321
팩 스 031-955-1322
홈페이지 www.freeaca.com
전자우편 main@freeaca.com (대표)
editor@freeaca.com (편집)
crm@freeaca.com (영업)
등 록 제406-2003-017호, 1980. 7. 12.
제1판1쇄 2025년 3월 5일 발행

ISBN 979-11-5808-681-7 93400